Größenordnungen des Lebens

Studien über das absolute Maß im biologischen Geschehen

Von

A. Berr

Mit 17 Abbildungen

München und Berlin 1935
Verlag von R. Oldenbourg

Meinem verehrten Lehrer

Hochschulprofessor Dr. Koegel

zugeeignet

Vorwort.

Begrüßenswerterweise wächst das Interesse an der Biologie, der Lehre vom Leben, mehr und mehr. Man hat allgemein erkannt, daß auch die Wurzeln der Menschheit unlösbar in der gemeinsamen Lebensscholle von Flora und Fauna verankert sind und daraus Kraft, Heil oder Unheil ziehen. Um so mehr ist es Aufgabe der Wissenschaft — neben sinnvollen Einzelforschungen -- die sich ergebenden großen Zusammenhänge, Linien und Fäden aus dem bunten Netz der Verflechtung herauszulösen und wertend zu formen.

Einen solchen „roten Faden" zu entknoten und bis an sein Ende zu verfolgen, ist Aufgabe dieser Schrift, dieses „Leitfadens" des biotechnischen absoluten Maßes. Dabei werden die unüberschreitbaren Grenzen hinsichtlich absoluter Größe oder Kleinheit lebender Gebilde, die Einteilung des Lebens zwischen den nach oben und unten sich ins Unendliche verlierenden Ausmaßen, die „Spanne" des Lebens an Hand einer Reihe von beliebig gewählten Naturgegenständen dargelegt. Da diese Gesetzmäßigkeit sich nicht nur auf das biologische Sein und Geschehen erstreckt, sondern genau so auf die unbelebten, physikalischen Erscheinungen, so fand gegebenenfalls auch die menschliche Technik im Vergleich zur Biotechnik Erwähnung.

Da es sich weiterhin darum handelt, das Prinzip dieser Größengebundenheit, die Welt und Natur beherrscht, herauszuschälen, und zwar in kurzer Fassung, so konnte weder einzelnes ausführlich erörtert noch alles Einschlägige herangezogen werden; das ist auch zum Verständnis des Ganzen nicht notwendig.

Biologie ist zwar nicht Philosophie, sie kann als solche die letzten Fragen nicht mit einschließen; aber den biologischen Gestalten wohnen erscheinungsgemäß die Gesetze und Notwendigkeiten inne, die metaphysisch vorbestimmt sind. Das Leben ist der Formausdruck und die Auslegung eines höheren Seins. Worin dieses Sein beruht, das anzuschneiden ist nicht Aufgabe dieser Schrift. Jedoch soll sie einer der mächtigsten Gestaltungsmöglichkeiten, nämlich der absoluten Ausdehnung im Raum das Wort verleihen und ihr den absoluten, materiellen Maßstab anlegen, ohne ängstlich darauf bedacht zu sein, vom eigentlichen Gegenstand aus keinen Blick in die Ferne zu tun.

München, im März 1935.

A. Berr.

Inhalt.

5

Einleitung.

In seinem Buche „De civitate Dei" schreibt Augustinus, der Kirchenvater (gest. 430), einmal: „. . . die Zusammenstimmung aller Teile ist so vielfältig und entspricht sich gegenseitig in so schönem Gleichmaß, daß man zunächst nicht weiß, ob bei der Erschaffung des Leibes die Rücksicht auf die Zweckmäßigkeit oder auf die Schönheit ausschlaggebend war. Jedenfalls sehen wir an ihm nichts der Zweckmäßigkeit halber erschaffen, was nicht auch als Zier angesprochen werden könnte. Das würde uns noch deutlicher zum Bewußtsein kommen, wenn wir die Maßverhältnisse kännten, nach denen alles untereinander verknüpft und zusammengestimmt ist; diesen würde man auch wirklich etwa auf die Spur kommen können bei den äußerlich zutage tretenden Körperteilen, falls man sich die Mühe machte; was jedoch verdeckt und dem Auge unzugänglich ist, wie die vielfach verschlungenen Adern, Nerven, Sehnen, Flechsen, Gedärme, worauf in geheimnisvoller Weise das Leben beruht, das vermag niemand zu entdecken. Mögen auch die Ärzte, die man Anatomen nennt, in ihrem etwas grausamen Eifer den Leib von Toten zerlegen oder selbst den von Sterbenden zerschneiden, mit dem Seziermesser in der Hand auf der Suche, und im menschlichen Fleisch recht unmenschlich alles Verborgene durchwühlen, um zu erfahren, bei was und wo und wie die Heilung einzusetzen habe: die Maßverhältnisse, von denen ich hier rede, auf denen die Zusammenstimmung, die Harmonie, wie die Griechen sagen, des ganzen Leibes äußerlich und innerlich zu einer Art kunstvoller Maschine beruht, das hat doch noch keiner herauszubringen vermocht, ja nur überhaupt zu erforschen unternommen. Wäre man in der Lage, diese Verhältnisse zu erkennen, so würde selbst auch bei den inneren Eingeweiden, die nichts Anziehendes aufweisen, die begriffliche Schönheit ein solches Wohlgefallen auslösen, daß man diese Schönheit über jeden sichtbaren Formenreiz, der den Augen schmeichelt, nach dem Urteil des Geistes, der die Augen zu Werkzeugen hat, stellen würde... Die vielgestaltige und wechselnde Schönheit des Himmels, der Erde, des Meeres, die Fülle und wunderbare Pracht des Himmels, Lichtes, die Sonne, der Mond, die Gestirne, die grünen Wälder, Farben und Duft der Blumen, die geschwätzige und buntgefiederte Vogelwelt in ihrer reichen Zahl und Abstufung, die mannigfachen Erscheinungen der übrigen Tierwelt, von der die kleinsten Arten noch die meiste Bewunderung erwecken (über die Tätigkeit der winzigen Ameisen und Bienen staunen wir in der Tat mehr als über die ungeheuren Leiber der Wale), das großartige Schauspiel, das uns das Meer darbietet...".

Wer würde diesen bewundernden Worten des Schöpfungsverehrers Augustinus nicht zustimmen! Und doch wird sich uns die Frage aufdrängen, ob wir heute, nach mehr als 1500 Jahren, den Naturgeheimnissen noch ebenso ferne stehen wie die Menschen von damals. Kein Zweifel: Wir sind tiefer eingedrungen in die Werkstatt des Lebens und haben in der Welt der Zellen und Gewebe die von Augustinus geahnte „begriffliche Schönheit der inneren Eingeweide" und im Mikrokosmos überhaupt eine neue Welt kennengelernt. Aber die Lösung des Welträtsels ist uns bis heute ebensowenig gelungen wie allen vorausgehenden Zeiten. Wir haben nur immer neue Welträtsel entdeckt, aber keines gelöst. Die Lösung ist auch unter keinem Mikroskop und in keiner Retorte zu erreichen und wird auch dort, wo sie zu suchen ist, nicht gefunden werden. Darauf kommt es aber gar nicht an, sondern darauf, daß wir nicht stehen bleiben und immer höher steigen, um neue Ausblicke zu gewinnen und uns selbst in die Höhe zu tragen. Denn das ist sicher: je höher wir wandern, um so reiner wird die Luft.

Ein besonderes Gewicht und besonderen Wert hinsichtlich der Naturerkenntnis, der Zweckmäßigkeit und Schönheit legt Augustinus offenbar auf die „Maßverhältnisse". Auch in seinem angeführten Ausspruch über die Bienen, Ameisen und Wale klingt dieser sein Gedanke deutlich an. Und dieser und ähnliche Gedanken sind es auch, die uns hier beschäftigen werden.

8

Wir stehen in einem Zeitalter des Relativismus. Man kennt im allgemeinen kein festes, absolutes Maß an. Es gibt zumeist nur „Beziehungen", „Relationen", „Möglichkeiten", „Wahrscheinlichkeiten", „Abhängigkeiten" u. dgl. Besonders in der Biologie herrscht die „schwankende" Statistik. Die theoretische Physik sucht aber schon immer mehr nach absolutem Boden (Lichtgeschwindigkeit = maximalste, Quanten). Ohne der Berechtigung der biologischen Relativismen entgegentreten zu wollen, soll hier aufgezeigt werden, daß alles Leben sich nur auf einer Basis bestimmter absoluter Größen abwickeln kann, daß das Leben nach zwei Richtungen absolut-dimensional begrenzt ist und daß der „Relativismus" sich dem „Absolutismus" unterordnen muß. Es soll also die Rede sein vom absoluten Maß der Dinge, besonders der belebten Welt, und zwar im Sinne einer grundsätzlichen Betrachtungsweise.

Die Ameise und ihre „relative" Arbeitskraft.

Jeder Naturfreund wird des öfteren auf eine Ameisenburg stoßen, deren geheimnisvolles Getriebe bewundern und wohl auch Vergleiche ziehen zwischen Mensch und Ameise oder Menschenstaaten und Ameisenstaaten, wobei in der Regel das bekannte Urteil gefällt wird. Die „Ameise", d. h. die „Emsige", gilt als ein Vorbild des Fleißes und der Ausdauer, des Eifers und der Unermüdlichkeit. Die Leistungen (auch in der Folge nicht als physikalischer Begriff benützt, sondern im allgemeinen oder physiologischen Sinn) des Einzeltieres und des ganzen Ameisenvolkes setzen uns in Erstaunen und legen uns die Frage vor, wodurch sie ermöglicht werden, denn der Mensch könnte sie — auf seine Größenmaße umgerechnet — auch beim besten Willen nicht vollbringen. Da schleppt so ein Tierchen eine Last, sei es ein Beutestück oder Baumaterial, im Eilschritt zur Burg. Und eine solche Last ist oft so schwer oder um vieles schwerer als die Ameise selbst. Sie legt damit einen Weg zurück, der — auf menschliche Streckenmaße übertragen — vielen Kilometern gleichkommt. Sie klettert damit über Hindernisse, die für uns Menschen Berge wären. Alles in kürzester Zeit. Sie wühlt sich aus Verschüttungen, die für uns Menschen bei entsprechenden Ausmaßen den sicheren Tod bedeuten würden, rasch und unverletzt heraus und hastet rastlos weiter. So treibt sie es Stunde um Stunde, den ganzen Tag.

Welcher Wille treibt dieses winzige Tier, die Ameise, zu einer so eifrigen, unbeirrbaren Tätigkeit und wie ist eine so gewaltig anmutende Arbeitskraft und -fähigkeit zu erklären?

Die erste Frage ist psychologischer Natur und kann kaum befriedigend erklärt werden. Sie ist auch ganz allgemeiner Natur, da sie unter dem Problem der Ursachen irgendeiner Tätigkeit eines Lebewesens ohne Rücksicht auf den Grad der Leistung zu suchen ist. Es müßte also zuerst eine Erklärung der allgemeinen Ursachen gegeben sein, bevor eine diesbezügliche Klärung der graduellen Unterschiede (Faulheit — Fleiß!) möglich ist. Unsere Betrachtung soll aber nur die zweite Frage, also nur die mechanische Seite des Problems berühren und dabei gerade das Wesen dieser Leistungsunterschiede herausschälen. Wir gehen also voraussetzungslos und ohne uns um dehnbare Begriffe wie „Wille" oder „Instinkt" zu kümmern an die Erörterung des Problems vom physikalisch-physiologischen Gesichtswinkel heraus.

Die Muskelfrage.

Jede nach außen gerichtete, auf räumliche Veränderung, d. h. auf Bewegung in der Umwelt abgezielte tierische Arbeitsleistung (physiologische Arbeit nicht = physikalische. Z. B. kann bei letzterer der Faktor „Weg" nicht fehlen, aber bei ersterer: auch das unbewegte Tier, das eine Last trägt oder sich irgendeinem Widerstand ohne Bewegung entgegenstellt, „arbeitet"; Stoffverbrauch und Atmung sind erhöht) wird durch Muskelkraft bewirkt (womit nicht gesagt sein soll, daß die Muskeln nicht auch bewegungslose Handlungen vollziehen können). Die dabei in Tätigkeit tretenden Muskelgewebe sind willkürlich, d. h. sie betätigen sich nicht automatisch, sondern sind von Fall zu Fall vom Wunsche oder Wollen des betreffenden Tieres abhängig. Die Muskeln der Beine oder Arme (Skelettmuskulatur) sind demnach willkürlich, die Muskeln des Herzens, des Darmes oder der Drüsen unwillkürlich. Im Mikro-

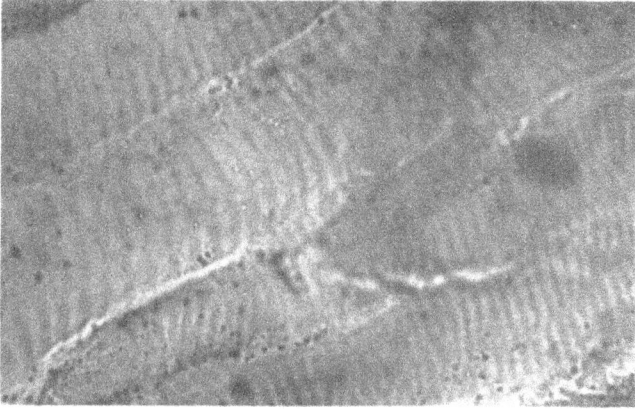

Abb. 1. Quergestreifte Muskelfasern, Heuhupfer. (Orig.)

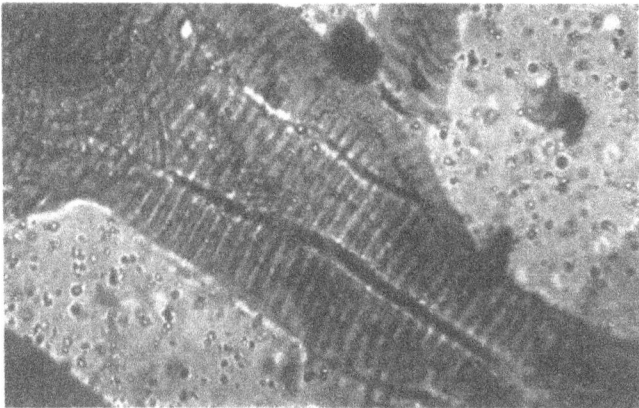

Abb. 2. Quergestreifte Muskelfasern, Ameise. (Orig.)

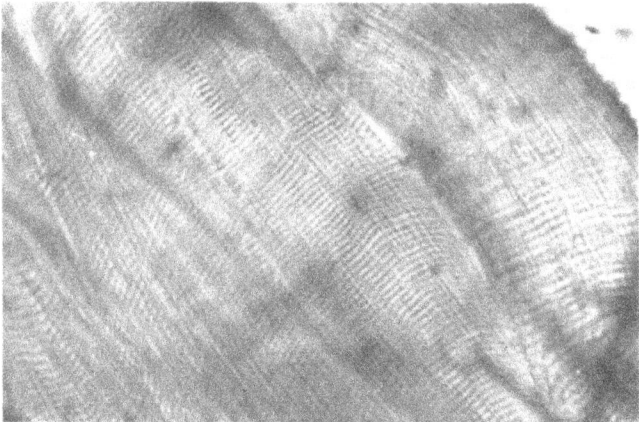

Abb. 3. Quergestreifte Muskelfasern, Bremse. (Orig.)

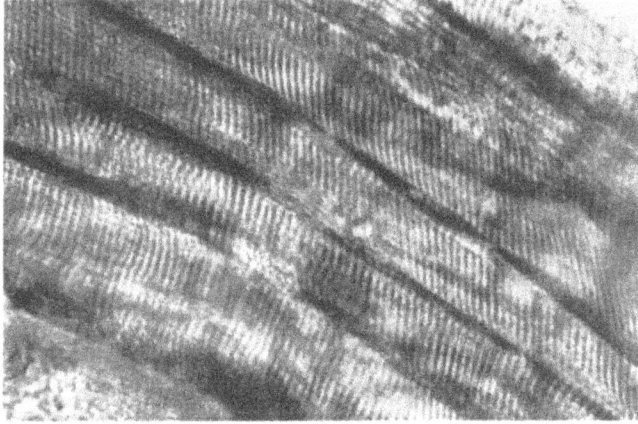

Abb. 4. Quergestreifte Muskelfasern, Maus. (Orig.)

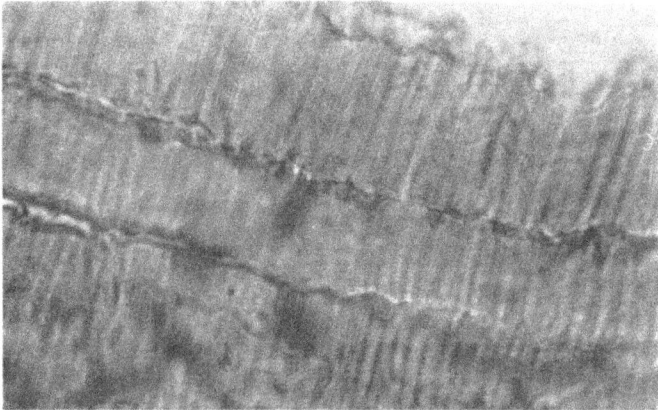

Abb. 5. Quergestreifte Muskelfasern, Pferd. (Orig.)

ſkop, alſo hiſtologiſch, ſind dieſe Muskelarten ſehr deutlich zu unterſcheiden.

Man könnte nun verſucht ſein zu glauben, daß die Ameiſe — in Hinblick auf ihre gewaltige Arbeitskraft und Muskelleiſtung gegenüber z. B. den großen Säugetieren — ein völlig anders geartetes willkürliches Muskelgewebe als die weniger leiſtungsfähigen Tiere beſitze; daß dieſes ſich aus einer ganz anderen Zellart zuſammenſetze und daß z. B. auch der Menſch, wenn er mit einem derartigen Muskelgewebe ausgeſtattet wäre, entſprechend leiſtungsfähiger ſein würde. Er müßte dann beiſpielsweiſe ſein eigenes Gewicht ſpielend im Laufſchritt weite Strecken und in kurzer Zeit über hohe Berge tragen können, ohne dabei beſonders zu ermüden.

Aber die Hiſtologie zeigt, daß kein derartiger morpholagiſcher Unterſchied beſteht zwiſchen der Muskulatur einer Ameiſe und der eines Menſchen oder überhaupt zwiſchen der eines Inſekts oder eines anderen, ähnlich leiſtungsfähigen „Kleintiers“ und der eines „Großtiers“, der dieſe funktionellen Unterſchiede rechtfertigen würde, obwohl natürlich zwei Gewebe oder Zellen, die uns hiſtologiſch gleichwertig erſcheinen, phyſiologiſche Verſchiedenheiten aufweiſen können. Dies geht aber nicht ſo weit, als daß es hier ins Gewicht fallen könnte. Die Abb. 1, 2, 3, 4 und 5 (800fache Vergrößerungen) zeigen ſogar bei einem Vergleich, daß zwiſchen verſchiedenen, aber in ihrer Leiſtung ungefähr gleichwertigen quergeſtreiften (willkürlichen) Muskeln von Inſekten hiſtologiſch mindeſtens ein gleich großer Unterſchied beſteht wie zwiſchen dieſen und Säugetierſkelettmuskeln.

Trotzdem wiſſen wir, daß mit wachſender Größe der Tiere die Muskelleiſtung relativ abnimmt und umgekehrt. Gewiſſe Tatſachen der Nerven-Muskelphyſiologie der Inſekten und überhaupt der Arthropoden können dieſe Verhältniſſe auch nicht klären, ſollen aber kurz Erwähnung finden.

Die Skelettmuskulatur der Gliederfüßer iſt doppelt innerviert und zwar von je einem erregenden und hemmenden Nerv. Das dieſe Muskeln verſorgende periphere Nervenſyſtem iſt überhaupt kompliziert gebaut, um ſo einfacher aber das zentrale. Das zentrale Syſtem (obwohl oberſte Leitung) wird aber auch durch die geringe Zahl motoriſcher Neuronen ent-

11

lastet. Bei den Vertebraten dagegen haben wir eine viel reichere und feinere Versorgung der Muskeln mit Nerven festzustellen. Aus diesen Verhältnissen (und natürlich auch aus dem sonstigen und Gesamtbauplan der Tiere) ergeben sich folgende Unterschiede zwischen den Arthropodenbewegungen und z. B. denen der Säugetiere: Den Säugetieren stehen vielerlei Bewegungsarten der Muskeln zur Verfügung, den Arthropoden wenig, aber dafür raschere. Bei Insekten registriert der motorische Nerv viel mehr Einzelerregungen. Diese Erregungen stammen in vielen Fällen indirekt von der Muskelbewegung selber, direkt von eigenen Stimulationsorganen, z. B. den Schwingkölbchen (Fliegen), Halteren oder Schwirrorganen, die synchron mit den Flügeln schwingen, oder von den Beinen. Eine Fleischfliege ohne Beine kann daher nicht fliegen. Die Bewegung dieser Muskelreizorgane ist passiv und abgeleitet von der aktiven Muskelarbeit beim Fliegen (auch den Tonus führt man in vielen Fällen auf diese Stimulationsorgane zurück). Eine Stubenfliege führt — um nur eine Zahl anzuziehen — 330 Flügelschläge pro Sekunde aus (auch an Tonhöhe ungefähre Schwingungszahlen der Flügel abzuschätzen).

Wir können also sagen: Die verschiedenen Tiere haben wahrscheinlich verschiedene Formen der Muskelarbeit, die aber an sich noch keine verschieden großen Leistungen bedingen. Eine Muskelfaser, die sich oft in der Zeiteinheit kontrahiert, beweist gegenüber derjenigen, die unterdessen im Kontraktionszustand verharrt, keine größere Leistungsfähigkeit, sondern nur eine spezielle Nervenversorgung und eine andre Arbeitsform.

Im Verhältnis ist ein Elefant viel weniger leistungsfähig als ein Pferd und dieses wieder als ein Mensch usf. Ein gesunder, normaler Mensch kann immerhin das eigene Körpergewicht — obwohl er nur auf zwei Beinen steht und geht — ohne besondere Mühe ein gutes Stück Weg auf seinen Schultern dahintragen; einem Elefanten von etwa 60 Ztr. würde das nicht gelingen. Derartige Beispiele lassen sich beliebig vermehren.

Selbst wenn uns die Histologie über etwaige große Unterschiede in der Muskulatur hinwegtäuschen würde und diese uns aus Mangel an zureichenden Mitteln und Methoden verborgen blieben, so wäre es doch sehr unwahrscheinlich, daß ausgerechnet alle kleinen Tiere äußerst leistungsfähig wären und mit zunehmender Größe der Tiere sich auch die Qualität des Muskelgewebes verschlechtere.

Bei näherer Überlegung erhebt sich die Frage, ob denn das Muskelgewebe (einschließlich die Innervation) allein ausschlaggebend ist für die Größe der Leistung. Das muß zweifellos verneint werden. Die Muskeln bedürfen zu ihrer Ernährung und überhaupt zu ihrem gesamten Stoffwechsel und Energiehaushalt der ständigen Unterstützung und Mitarbeit der anderen Organe (besonders Blutzufuhr, Herz, Lunge, Verdauungsorgane usw.). Liegt es nun vielleicht an diesen, indirekt an der Muskelarbeit beteiligten, aber nicht weniger wichtigen Organen, die die Leistungsunterschiede in dem beschriebenen und bekannten Ausmaße verursachen? Diesen Einwand entkräften die gleichen Erwägungen, die schon beim Muskelgewebe Anwendung fanden: weder histologische noch sonstige Anhaltspunkte weisen auf entsprechende Unterschiede der übrigen Gewebe bei den verschieden großen Tieren hin. Zumeist sind die großen Tiere sogar besser organisiert und infolgedessen wird auch das Muskelgewebe besser versorgt, womit eine höhere Leistungsfähigkeit der großen Tiere einhergehen müßte. Das Gegenteil haben wir aber vorgefunden.

Im allgemeinen und großzügig betrachtet, sind Zellgröße und -beschaffenheit gleichartiger Gewebe bei allen Tieren, so verschieden diese als solche sind, auffallend übereinstimmend, so daß man auch auf eine ungefähr gleiche Leistungsfähigkeit derartiger Zellen oder gleich großer (gleiche Zellenzahl) Gewebsstücke schließen kann. Die Größe eines Tieres ist das Produkt der Zellenzahl. Richtig ist auch, daß mit der Zunahme der Zellenzahl — phylogenetisch — die Spezialisierung der Gewebe parallel geht. Spezialisierung bedeutet Leistungssteigerung. Aber gerade bei großen, am höchsten spezialisierten Zellstaaten, bei den großen Tieren, konstatierten wir ein relatives Fallen der Leistungen.

Handelt es sich vielleicht überhaupt nicht um ein anatomisch-physiologisches Problem und liegt das Rätsel nicht im Tier, sondern im Milieu des Tieres? Ist letzteres der Fall, dann sind ausschließlich physikalische Umstände maßgebend.

13

Tatsächlich liegen die Faktoren, die diese so sonderbar anmutenden Verhältnisse und das so geartete Zusammenwirken zwischen Tiergröße und Leistung bedingen, sowohl am Tier selbst wie auch an der Umwelt.

Pferd und Heuhupfer.

Um der Sache näher zu kommen, wollen wir nun einen konkreten Vergleich aufstellen, und zwar zwischen der Sprungleistung eines flügellosen Heuhupfers und der eines Pferdes.

Wenn das Pferd im Verhältnis zu seiner Größe (räumlich, Masse) so hoch und weit wie ein Heuhupfer springen könnte, dann müßte es fähig sein, über hohe Häuser und breite Flüsse, sogar über hohe Berge und breite Seen zu setzen, denn ein Pferd ist ja mindestens 100 000 mal größer und schwerer als ein Heuhupfer. Wenn ein Heuhupfer 1 m hoch springt, dann müßte sich demnach ein Pferd 100 km hoch emporschnellen können oder, wenn ein Heuhupfer eine Strecke von 3 m mit einem Satze nimmt, so müßte das Pferd nach dieser relativistischen Anschauung 300 km mit einem einzigen Weitsprunge nehmen. Umgekehrt würde ein Pferd von der Größe eines Heuhupfers nur ein Hunderttausendstel der Leistung eines normalgroßen Pferdes zustande bringen, d. h. nur Bruchteile eines Millimeters im Hoch- oder Weitsprung bewältigen können. Selbst wenn man hinsichtlich Sprungleistung beim Heuhupfer eine eminente Muskelspezialisation, günstigste Hebelwirkungen u. dgl. annimmt, ist es nicht denkbar, daß ein Heuhupfer in Pferdegröße, aber zugleich in seinen ihm eigentümlichen Formen und Proportionen, um soviel höher und weiter springt als seiner nunmehrigen Größe angemessen wäre. Es gäbe bei Fortführung dieser Illusion schließlich theoretisch die Möglichkeit, daß ein Tier von der Erde wegspringen und andre Planeten erreichen könnte. Es leuchtet ein, daß hierin ein Trugschluß liegen muß.

Dieser Trugschluß liegt darin, daß man die für ein höheres Gewicht notwendige Mehrleistung der Muskulatur übersieht und einfach das Verhältnis der Größe des Tieres zu den Ausmaßen seiner Leistungen (Höhe, Weite) als Quali-

14

fikation benützt. Man sagt sich, je größer ein Tier ist, um so entsprechend höher z. B. muß es springen, um mit einem kleineren Tier konkurrieren zu können, und vergißt dabei, daß es mit zunehmender Größe auch entsprechend mehr Gewicht zu bewältigen hat.

Ein Heuhupfer ist 100000mal leichter als ein Pferd. Wenn er nun auch 100000mal weniger Muskelmasse besitzt, so muß er, sofern die Leistung beider entsprechend ist, absolut ebenso hoch und weit springen als dieses. Tut er es nicht, dann ist er relativ weniger leistungsfähig, was in Wirklichkeit auch zutrifft (das Muskelgewebe eines Heuhupfers zerfällt übrigens auch äußerst rasch nach dem Tode und schon in der Gefangenschaft; schwierig zu präparieren, siehe Abb. 1).

Bei jeder Leistung ist also scharf zu trennen zwischen dem zu bewältigenden Gewicht — sei es nun Körpereigengewicht oder eine andere Last — und ihrem Ausmaß (Höhe, Weite od. dgl.); beide sind Leistungsfaktoren, die entsprechende Muskelmassen beanspruchen. Rechnerisch kann man diese Beziehungen auf eine einfache, allgemeine Formel bringen, wenn man von der spezifischen Organisation und den verschiedenen Leistungsarten (Hoch- und Weitsprung, Zug, Bohrtätigkeit u. a.) der betr. Tiere absieht bzw. diese gedanklich auf einen gleichnamigen Nenner bringt und z. B. die Wühlkraft einer Maus sich umgesetzt denkt in Schnellkraft eines Heuhupfers. Bezeichnen wir dann das Gewicht des einen Tieres mit g_1, das des anderen — gleichgültig, ob es kleiner, größer oder gleich groß ist — mit g_2, die Muskelmasse beider sinngemäß mit m_1 und m_2 und das Ausmaß ihrer jeweiligen absoluten Leistung (Höhe, Weite usw.) mit h_1 und h_2, so lautet die einschlägige Proportion:

$$\frac{g_1 \cdot h_1}{g_2 \cdot h_2} = \frac{m_1}{m_2}.$$

Wie mit dem Gewicht, so muß die Muskelmasse auch mit der Leistungsdimension (Ausmaß) entsprechend steigen. Bleibt die Muskelmasse dieselbe und nimmt das Gewicht ab, dann nimmt das Leistungsausmaß zu; ist $h_1 = h_2$, dann verhalten sich die Muskelmassen wie ihre dazugehörigen Gewichte. Dieses Schema hat natürlich nur heuristischen Wert und kann nicht ohne weiteres Leistungsuntersuchungen zugrunde gelegt werden. Wir wollen nun die beiden Leistungsfaktoren (g und h) näher ins Auge faſſen, ebenſo auch die Muskelmaſſe (m).

Sowohl das Muskelgewebe des Heuhupfers (Abb. 1) wie das des Pferdes (Abb. 5) ſetzt ſich aus Muskelfaſern zuſammen, die wir vorerſt und für unſere grund-

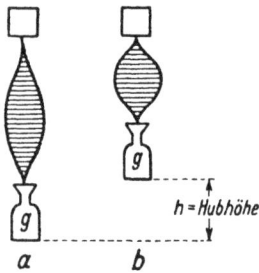

Abb. 6. Muskelfaſer (Pferd oder Heuhupfer) mit Ge-wicht g in Ruhe und kontra-hiert (a und b), h = Hub-höhe.

ſätzlichen Erwägungen ruhig als gleich groß, gleich proportioniert und ferner als phyſiologiſch gleich leiſtungsfähig anſehen können. Wir nehmen alſo an, daß jede Muskelfaſer der beiden Tiere ein beſtimmtes Gewicht in der Zeit-einheit auf gleiche Höhe (Hubhöhe) zu heben in der Lage iſt (Abb. 6). Für jede Gewichtsvermehrung ſind — bei gleichbleibender Hubhöhe — entſpre-chend mehr Muskelfaſern nötig; ſie müſſen dabei als nebeneinander ge-ordnet gedacht werden, da ja die Belaſtung vom Querſchnitt (wie bei einem Draht oder Gummiband) und nicht von der Länge der Muskelfaſern aufgenommen wird (Abb. 7). Anders ausgedrückt kann man demnach ſagen: Mit der Belaſtung nimmt — bei

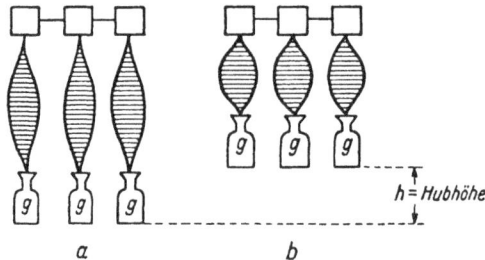

Abb. 7. Muskelfaſern (Pferd oder Heuhupfer) neben-einander geordnet mit je 1 Gewicht g in Ruhe und kontrahiert (a und b), h = Hubhöhe.

gleichbleibender Hubhöhe — der Querſchnitt des Muskel-faſerbündels in gleichem Maße zu. Die Muskelmaſſe wächſt ſelbſtredend ebenfalls mit der Zahl der Muskelfaſern, aber

16

das notwendige Nebeneinander der Fasern bedingt, daß sie nur nach zwei Dimensionen, nämlich in der Querschnittsfläche, zunimmt, während die Länge der Fasern unverändert bleibt. Eine Masse wächst in der 3. Potenz; wenn aber dabei nicht alle Dimensionen im gleichen Verhältnis wachsen, sondern, wie in unserem Falle, die Zunahme der Längendimension überhaupt ausbleibt, dann muß der Querschnitt entsprechend mehr zunehmen und sich bei Verdopplung der Masse verdoppeln usf. Es ist klar, daß damit eine rasch steigende Verdickung und relative Verkürzung der Muskelmasse einhergeht.

In Wirklichkeit, also am Tier, tritt dieses Nebeneinander der Muskelfasern nicht so schematisch auf, da sonst die Muskelmasse eines großen Tieres unmögliche Proportionen annehmen würde. Zwei Muskelfasern z. B., die sich übereinander befinden und unabhängig voneinander mit den Gewichten verbunden gedacht werden (Abb. 8), leisten natürlich bis auf den Ver-

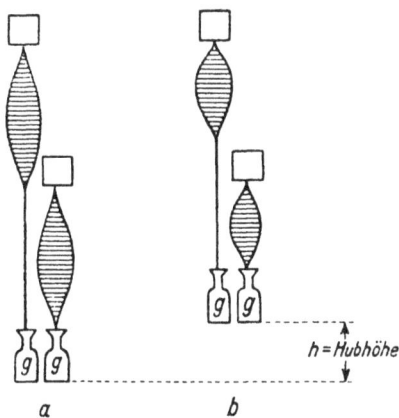

Abb. 8. Muskelfasern (Pferd oder Heuhupfer) übereinander geordnet (physiologisch nebeneinander) mit Gewicht g in Ruhe und kontrahiert (a und b), h = Hubhöhe.

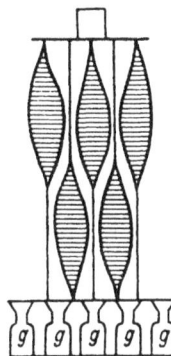

Abb. 9. Muskelfasern (Pferd oder Heuhupfer) ineinander geordnet (physiologisch nebeneinander), verkoppelt, h = Hubhöhe.

lust durch die Reibung und das Eigengewicht des Verbindungsseils (Sehnenzugs) genau soviel wie zwei nebeneinander gelagerte. Tatsächlich sind zum Teil die Muskelfasern eines Tieres in diesem Sinne gekoppelt (gefiederte Muskeln u. dgl.), die Fasern des Bündels also gegeneinander parallel verschoben, jedoch alle einem gemeinsamen Angriffspunkt zugeordnet (Abb. 9).

Auf unser Beispiel angewendet bringen diese Einzelbetrachtungen folgende Ergebnisse: Das Pferd braucht, um absolut ebenso hoch und weit springen zu können wie der Heuhupfer, dessen Muskelfaserzahl oder Muskelmasse soviel mal als das Gewicht des Heuhupfers in dem des Pferdes enthalten ist. Dabei müssen aber die Muskelfasern so angeordnet sein, daß ihre Querflächen in ähnlicher Weise wie bei dem Heuhupfer in Funktion treten (physiologisches Nebeneinander). Das Verhältnis von Gewicht und Muskelmasse bzw. physiologischem Muskelquerschnitt ist also ausschlaggebend beim Vergleich von Leistungen. Mit dem Größerwerden der Tiere geht eine physiologische und zum Teil auch geometrische absolute und relative Verdickung der Muskelbündel Hand in Hand. Umgekehrt:

Eine (riesige) Anzahl Heuhupfer von dem Gewichte eines Pferdes würde ebenso hoch und weit springen wie dieses, wenn sie die gleiche Muskelquerfläche und physiologische Anordnung des Pferdemuskelmechanismus zur Verfügung hätte. Zahl oder Größe von Tieren müssen gewichtsmäßig normiert werden, um sie in Beziehung zu Leistungsdimensionen (Höhe, Weite des Sprunges) setzen zu können. Wirkliche Leistungsunterschiede ergeben sich beim Vergleich der jeweiligen Produkte aus Gewicht und Leistungsdimensionen.

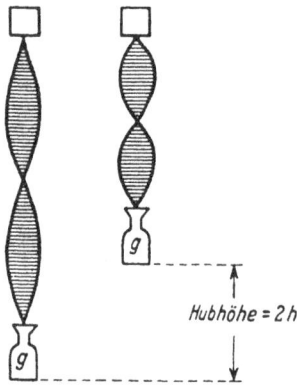

Abb. 10. Muskelfasern (Pferd oder Heuhupfer) physiologisch längsgekoppelt in Ruhe und Kontraktion (a und b), Hubhöhe = 2 h.

Steigt außer dem Gewicht die absolute Leistungsdimension, wie das bei größeren Tieren sein muß, so ist zusätzliche Muskelmasse notwendig, und wir haben uns zu fragen, in welchem Verhältnis diese zur Hubhöhe steht.

Die Hubhöhe ist (beim Tiere) auf zweierlei Art zu vergrößern: Durch Hintereinanderschaltung (Längskoppelung) von

18

Muskelfasern und — bei Hebelanordnung — durch Verlängerung des Lastarmes.

Bei der Längskoppelung (Abb. 10) handelt es sich um ein
physiologisches Über- oder Untereinander oder wie man das
nennen mag, und die Hubhöhe vervielfacht sich ceteris paribus
mit der Anzahl der so geordneten Fasern (Belastung durch
Eigengewicht der letzteren nicht gerechnet). Diese Faseranord-
nung bewirkt ein relatives Schlankerwerden der Muskelmassen,
arbeitet also der Verplumpung entgegen. An Stelle von
mehreren längsgeschalteten Fasern kann auch eine einzige, entsprechend lange treten.

Zumeist wird aber die Last nicht direkt von einem Muskel-
zug aufgenommen — wie bei den bisherigen Beispielen —,
sondern der Muskel greift einen einarmigen Hebel an (Knochen
— Gelenk), an dessen Ende das Gewicht gedacht werden kann

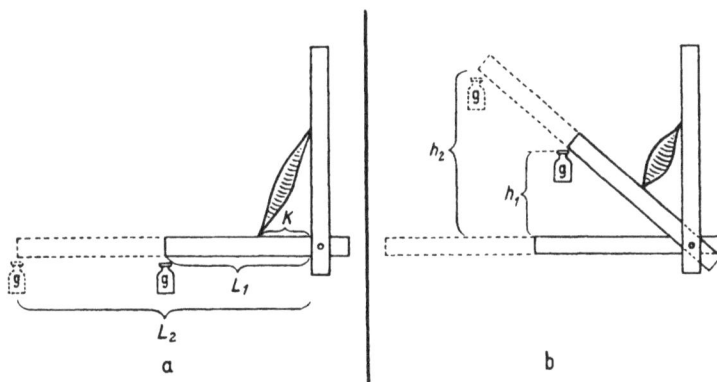

Abb. 11. Muskelfaser bei Hebelsituation. *a* in Ruhe, *b* kontrahiert.

$K =$ Kraftarm, L_1 und L_2 (doppelt) Lastarm, h_1 und h_2 (doppelt) Hubhöhe,
für L_2 (h_2) wäre noch 1 Faser notwendig usf. (siehe Text).

(Abb. 11). Durch Kontraktion des Muskels wird der Hebelarm
bewegt und das Gewicht hochgehoben. Die Hubhöhe ist abhängig von der Länge des Lastarmes. Mit der Hubhöhe muß
der Lastarm wachsen und, da der Kraftarm und der Kontrak-
tionsgrad des Muskels gleich bleiben, auch die Kraft, d. h. der
Querschnitt des Muskels, zunehmen.

2*

Eine einfache geometrische Überlegung zeigt, daß bei Verdoppelung des Lastarmes (Abb. 11) eine Verdoppelung der Hubhöhe eintritt usw. Ganz entsprechend muß die Zahl der Muskelfasern sich verdoppeln usw. und diese müssen sich wieder in physiologischer Nebeneinanderordnung befinden; die Insertionsstelle des Muskels, also das Drehmoment der Kraft, darf sich dabei natürlich nicht verändern. Schon an sich ist bei dieser Art des „Gewichthebens“ ein größerer Muskelquerschnitt erforderlich als beim direkten Heben (mechanische Nachteile des Lastarmes usw.). Um das gleiche Gewicht (g) auf die gleiche Höhe (h) der früheren Beispiele zu heben, reicht also eine unserer Muskelfasern nicht aus usw. Das Ergebnis ist: absolute und relative physiologische und geometrische Verdickung der Muskelmasse bei größerer Belastung und Hubhöhe (= Lastarm).

Bis zu einem gewissen Grade können die beiden Arten der Hubhöhensteigerung kombiniert sein. Die erste Art arbeitet zusammen mit der geometrischen Parallelverschiebung von physiologisch nebeneinander geordneten Fasern (also Längskoppelung der Abb. 10 und Ineinanderordnung der Abb. 9) einer allzu rasch ansteigenden Verplumpung entgegen; die zweite Art (Hebel) arbeitet ihr in die Hände, und zwar in rascherem Tempo.

Stets geht das Größerwerden der Tiere mit einer Verlängerung der Hebelarme und der Hubhöhen einher und die Muskelmasse muß ohne Rücksicht auf ihre formhafte Verteilung und Anordnung zusätzlich wachsen. Wie es im einzelnen die Natur fertigbringt, die Muskelmassen richtig und der Größe des Tieres entsprechend zu verteilen, wirtschaftlich anzuordnen, Transmissionen und unnütze Hebelwirkungen am ganzen Tierapparat zu sparen, kurz, die Anordnung der fraglichen Komponenten zu finden, welche die beste Resultante liefert, ist erstaunlich, kann aber hier nicht weiter erörtert werden.

Schließlich werden mit zunehmender Größe des Tieres die räumlichen Schwierigkeiten so groß, daß Muskelmasse, Hebelarm, Gewicht oder Belastung, Tiergestalt und -form usw. nicht mehr in einem lebensmöglichen Gleichgewicht zueinander stehen.

Nun ist leicht einzusehen, daß ein Heuhupfer von der Größe eines Pferdes auch keine „größeren Sprünge“ als dieses machen könnte und umgekehrt ein Pferd in Heuhupfergröße ohne weiteres dessen Springkünste nachmachen würde. Bezieht man die absoluten Leistungen beider Tiere auf das Verhältnis ihrer Gewichte oder ihrer Zellzahlen, so leistet sogar das Pferd relativ mehr, und auf die Gewichts- oder Zelleinheit treffen beim Pferd mehr und besser organisierte Muskelkräfte als beim Heuhupfer, der ja sonst absolut mindestens ebenso hoch und weit springen müßte, nachdem er infolge seiner größeren Primitivität relativ weniger belastet ist.

Es ist also verfehlt, die Leistung eines Tieres an seiner Größe zu messen. Beim Vergleich von Leistungen verschiedener Tiere muß auf gleiche Gewichtsmengen bzw. Zellzahlen zurückgegriffen werden. Und da schneiden die größeren Tiere vielfach besser ab, obwohl sie einem doppelten Nachteil verfallen sind: einmal dem Mißverhältnis zwischen steigendem Eigengewicht und steigender Muskelquerfläche und dann noch der Notwendigkeit einer größeren absoluten Leistung.

Es ist klar, daß sich dieser Nachteil mit zunehmender Größe des Tieres in immer stärkerer Weise zu seinen Ungunsten auswirken muß, vergleichbar dem Gesetz vom abnehmenden Ertrag: Je größer der Aufwand, um so geringer der relative Gesamtertrag. Je mehr man einen Acker- oder Gartenboden z. B. düngt, um so weniger dankbar dafür zeigen sich die Pflanzen und zum Schluß hat eine Düngung überhaupt keinen Mehrertrag zur Folge. Das Verhältnis von Aufwand und Erfolg oder Ertrag kann man am besten in Form eines Kurvenbildes darstellen (Abb. 12). Das Bild ändert sich in seinem grundsätzlichen Aufbau nicht, gleichviel welcher Natur der Vorgang oder die daran beteiligten Faktoren sind (Pflanzenwachstum: Düngung, Licht, Wärme- oder Kohlenförderung: Grubentiefe, Wasserverhältnisse, Abraum). Aber durch neue technische Mittel u. dgl. kann der Aufwand herabgesetzt werden: Fortschritt. Auch die Natur schreitet — phylogenetisch — fort, allgemein und im einzelnen: also auch Fortschritt in der Muskeltechnik und Muskelwirtschaft. Einen derartigen Fortschritt hat z. B. die Pferdemuskulatur gegenüber der des Heuhupfers aufzuweisen (Abb. 12, gestrichelte, steilere Kurve). Das Pferd ist durch diese Aufwandersparnis und ferner durch die optimale Aufwandgröße zu seiner relativ günstigen Leistung befähigt.

Der Elefant steht zwar auf absteigendem Kurvenast, jedoch immer noch auf wirtschaftlichem Boden. Schließlich kommt aber bei einer gewissen Tiergröße eine Grenze, hinter der ein vital-ökonomisches Verhältnis zwischen notwendiger Muskelmasse

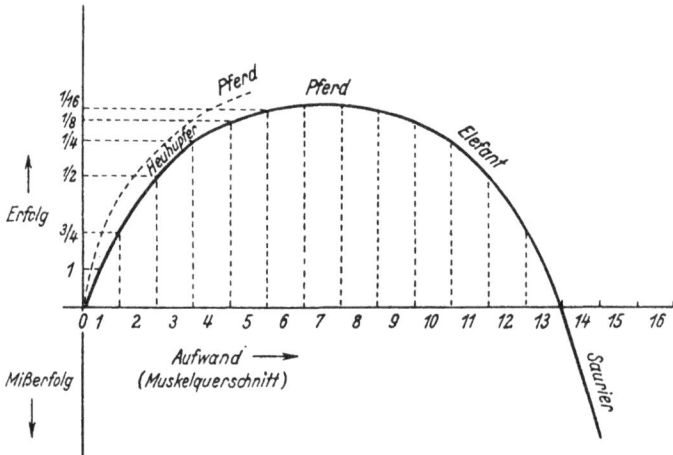

Abb. 12. Kurvenbild des Verhältnisses zwischen Aufwand und Erfolg irgend-eines Vorganges oder Zustandes. Der Erfolgszuwachs sinkt bei gleichsteigen-dem Aufwand; dann bleibt der Erfolg trotz des Mehraufwandes gleich (Mitte der Kurve) und schließlich wird der Erfolg kleiner, bis er zuletzt zum Mißerfolg ausartet, weil der Aufwand größer ist als der Nutzen (s. Text).

und Gesamtkörpergewicht bzw. inneren Organen, Gestalt und Körperformen auch bei günstigster Technik nicht mehr gegeben ist (Aufwand verzehrt Rente, Kurve unter Nullpunkt).

Daß somit ein Lebewesen an dieser Disharmonie (im Grunde eine Raum- oder Aufteilungsfrage), an seinem Eigen-gewicht zugrunde gehen kann, ist nun leicht vorstellbar. Wahr-scheinlich ist dies auch einer der Gründe zur Tragödie der großen Saurier.

Ganz andere Größenmaße wie die Landtiere können sich Wassertiere leisten. Bei ihnen ersetzt der Auftrieb des Wassers ungeheure Muskelkräfte (vom Auftrieb der Luft später). Die großen Wale z. B. übertreffen an Größe und Gewicht die ehe-maligen, größten Saurier, die sich bestimmt viel langsamer und schwerfälliger bewegt haben, soweit sie am Lande lebten. Das

22

sagt uns schon das Gefühl, bevor wir uns erst überlegen, warum denn eigentlich keine geradlinige Relativität bei Größe und Dynamik herrscht und ihnen Grenzen gesetzt sind. Übrigens werden sich die kolossalsten Saurier (Dinosaurier) vorwiegend im Wasser aufgehalten haben, wenn sie auch auf 4 Beinen (und einem Schwanz) dahinschritten. Die massiven Extremitätenknochen (auch die Knochen der Wale sind massiv — Tauchbootballast) sorgten dann für die nötige „Verankerung", denn mit einem verankerten Schiff könnte man diese Vorweltstiere vergleichen, wenn sie im Wasser — die meiste Zeit! — ruhten und halb getragen wurden. Sie würden sonst wohl an Übermüdung zugrunde gegangen sein. Im Verhältnis zu kleinen Tieren haben sie wahrscheinlich nicht viel gefressen (Wärmehaushalt großer Tiere, außerdem kaum eigenwarm). Es ist eigentlich merkwürdig, daß aus jenen Zeiten keine größeren und nicht einmal so große, echte Wassertiere wie unsere zeitgenössischen Wale bekannt sind (Ichthyosaurier, Plesiosaurier, Mosasaurier waren viel kleiner). Entsprechend einem Landtiervergleich und der Größentendenz müßten damals im Wasser noch viel gewaltigere Geschöpfe gehaust haben, die gegenüber „unseren" Walen viel plumper und ungelenker gewesen sein müßten.

Warum in den absoluten Größenmaßen der Tiere die Dynamik so festgelegt ist, liegt nicht nur an der absoluten Leistungsfähigkeit der bewegenden Organe, der Muskulatur oder — bei niederen Tierformen — des Plasmas überhaupt, sondern hat noch andere, allgemeinere, im Verhältnis zwischen Raumgröße und Substanzeigenschaften gelegene Gründe, die später noch zu erörtern sind. Aber jetzt schon erkennt man, daß eine allgemeine, bildhafte Vergrößerung oder Verkleinerung der Naturgeschöpfe nicht einfach eine damit parallel gehende Veränderung der Dynamik mit sich brächte, sondern eine vollständige Störung der „relativen" Harmonien, eine Aufhebung des wirkenden Lebens, und daß ein Mikroskop oder der vergrößernde und verkleinernde Film die Natur verfälschen und unsere „Anschauung" der Dinge täuschen. Das bedeutet allerdings für viele „Leistungswunder" der Natur einen tiefen Fall und für uns eine Ernüchterung; anderseits müssen wir aber um so mehr staunen über dieses „Festgelegtsein" und „Soseinmüssen" und darüber, daß gerade unter diesem Zwang, diesem

23

wahrsten „Absolutismus" sich die Natur in so formbunter Weise entfaltet.

Es ist nun nicht mehr schwer, auf Grund dieser Überlegungen auch für die anderen eingangs erwähnten und nicht erwähnten Leistungen der Ameise — soweit sie die mechanisch-physiologische Arbeit betreffen — eine Erklärung grundsätzlicher Art (cum grano salis) zu finden und die Ehre des Menschen nach dieser Richtung zu retten. Es würde zu weit führen, dabei ins einzelne zu gehen, etwa das Laufen, Schleppen, Klettern und Wühlen der Ameise oder gar noch die Tätigkeit anderer Tiere in diesem Sinne zu untersuchen (z. B. Pillendreher). Wir wissen jetzt, daß prinzipiell eine gleiche Zahl von gleichartigen und vergleichbaren (funktionell) Zellen verschiedener Tiere ungefähr gleich viel leistet und daß das Phänomen des Individuums unsere Naturbetrachtung trübte, insofern wir die Größe des Individuums (räumlich isolierte Zellhäufungen — rein mechanisch) in falsche Beziehung setzten zu seiner Leistung.

Absolute Unterschiede in den Leistungen von gleichartigen und gleich großen Geweben (in Organform natürlich), die verschiedenen Tieren oder Tierarten angehören, bestehen sicher, können aber das Ergebnis unserer grundsätzlichen Betrachtung nicht aufheben (vgl. Abb. 12). Jedoch solche Unterschiede, die sich zwischen verschiedenen (ganzen) Tieren als relative Leistungsunterschiede auswirken (Pferd — Heuhupfer), und zwar oft im Gegensinn der Vermutung, experimentell festzustellen, wäre eine interessante Aufgabe und ein Beitrag auch zur vergleichenden Tierpsychologie (Temperament), da Leistungsgröße in der Zeiteinheit und Psyche wahrscheinlich in Wechselwirkung zueinander stehen.

Körpergröße und Geistesgröße, Tierstaaten.

Da mit zunehmender Körpergröße die absolute und sogar relative Leistung eines Zellkomplexes, also Tierindividuums, für den Daseinskampf steigen muß (je größer Tier, um so größer müssen auch seine Bewegungen sein, womit eine relativ größere Leistung verbunden ist) und mit ihr schließlich eine übermäßige Entwicklung der Muskelmassen verknüpft ist, so

24

muß zur nervösen Versorgung dieser letzteren auch eine entsprechend große Nervenmasse reserviert werden, worunter die übrigen Zentren leiden und die psychischen Leistungen abnehmen, sofern nicht die Nervensubstanz (Gehirn) auch in entsprechender Weise wuchert und diesen Ausfall deckt (Elefant) oder sogar weit überschreitet (Mensch). Das Gehirn der meisten großen Saurier scheint aber noch durch andere Faktoren als durch die Muskelmassen allein angegriffen und beschlagnahmt worden zu sein, denn es war noch kleiner, als einem Opfer des Wettlaufes zwischen Muskelmasse und Nervensubstanz entsprochen hätte. Ein großes Tier müßte — bei gleicher Klugheit — auch relativ ein größeres Gehirn besitzen als ein kleines Tier. Bei diesen Sauriern aber ist es umgekehrt gewesen. Ob übrigens ihr Schädel der alleinige Träger ihrer Gehirnmasse war, ist zweifelhaft. Nachdem eine Reihe ihrer zahlreichen Wirbel oft die Größe ihres Schädels fast erreichte (Schädel auch = Wirbel), ist es leicht denkbar, daß das Rückenmark (auch noch im Schweif) Gehirnfunktionen mit übernahm: „Verlängerung“ der psychischen Funktionen. Außerdem ist anzunehmen, daß die motorischen Zentren alle im Mark gelegen waren. Freilich, soviel man auch herumdeuten mag, ein Geisteskind wird so ein Saurus, ob nun groß oder klein, nie gewesen sein. Immerhin ist es auffallend, daß gerade die größten an Leib den kleinsten Geist besessen zu haben scheinen und daß also ein gewisser Antagonismus zwischen Geist und Stoff sich hier deutlich symbolisiert. Schließlich weigert sich eben irgendein Organ einmal, an dem Wettlauf zum Gigantismus teilzunehmen. Daß der Sitz der Intelligenz damit beginnt, ist nicht verwunderlich. Wachsen die Knochen, so muß auch die Leistung der Muskeln und die der übrigen Organe, abgesehen von der Psyche, steigen und sie selber müssen an Umfang zunehmen, damit keine lebengefährdende Disharmonie einreißt. Eines muß das andere ausgleichen, und so gerät diese Vergrößerungstendenz in einen Circulus vitiosus, in eine Sackgasse, aus der es kein Zurück mehr gibt. Schließlich kann man auch der Meinung sein, daß diese riesigen Tiergestalten und -formen das Produkt einer primären Gehirndegeneration bzw. -stagnation waren, insofern die Regelung des Wachstums und dessen Grenzen letztlich doch eine psychische Angelegenheit ist, wofür spricht, daß die endokrinen Drüsen zur obersten Instanz das Zentralnervensystem haben. Es ist wohl kein Zufall, daß unser — eigentlich vorsintflutlicher — Elefant ein gutes Gehirn besitzt; es steuert, bezähmt und beherrscht nach dieser Auffassung das Körperwachstum, so daß Größe und Lebensfähigkeit des Elefanten noch vereint und dabei die Grenzen der maximalen Lebensmaße von Tieren aufgezeigt werden.

Wie dem auch sei: Alles spielt beim phylogenetischen Wachstum der allgemeinen Verplumpung und Verblödung in die Hände, wenn nicht durch Spezialisierung und Organisierung diese Mängel ausgeglichen werden. Ganze Tierwelten sehen wir an den Schattenseiten der Zellanreicherung zugrunde gehen, während die kleinen Formen am anpassungsfähigsten und überdauerndsten in der Erdgeschichte sind; sie haben es auch nach alledem, was bisher gesagt wurde, am leichtesten.

Die Natur arbeitet ständig an der Realisierung der im Weltall verborgenen Möglichkeiten. Ist die Formgebung im und am einzelligen Wesen erschöpft, dann folgt die Zellkombination, die Kolonie- und Staatenbildung von Zellen und weiterhin die Staatenbildung von Individuen, die mit Hilfe einer hochentwickelten Psyche den soziologischen Kontakt eingehen und in dieser Staatenform bis dato wohl das Höchstmaß der Kraftentfaltung erreicht haben. Und in der Technik des Menschen findet die Tendenz der Natur nach möglichst umfangreicher Eingliederung des Anorganischen in das Organische einen gewaltigen Ausdruck: Durch die technischen Mittel wird die Zahl der Menschen erhöht und die Bedürfnisse der Menschheit werden großenteils statt durch Muskelkraft durch die Kraft der Maschine gedeckt, die zumeist von der Sonnenkraft, der letzten und an sich totesten, jedoch immer schon lebenbetreibenden Energiequelle stammt.

Aber schon auf einer früheren Stufe als dieser echten Staatenbildung (Mensch) findet eine „Zellanhäufung" unter gleichzeitiger räumlicher Trennung von Zellgruppen statt, nämlich bei dem großen Stammbaumast der Insekten. Wir erinnern uns wieder der Ameisen.

Es handelt sich bei diesen (oder den Bienen usf.) wohl nicht um einen Staat, der aus echten Individuen zusammengesetzt und einer Herde von großen Tieren vergleichbar ist, son-

26

dern eher um einen Zellstaat, vergleichbar einem einzigen Individuum der großen Tiere. Das Einzelwesen eines Ameisenstaates wäre demnach nur ein Teil eines Individuums, nämlich des Ameisenstaates, eine Gruppe (Gewebe) von Zellen, die zwar morphologisch-räumlich vom übrigen Organismus mehr oder weniger getrennt, isoliert ist, jedoch die psychische und funktionelle Einheit des ganzen Staates dabei bewahrt, wie aus den Geschlechts- und Rangverhältnissen, aus dem automatischen Einordnungsvermögen der einzelnen Ameise, ihrer funktionellen Plastizität, ihrer Aufopferungsbereitschaft ganz im Sinne der Zellen und Zellverbände eines Zellstaates u.a.m. hervorgeht. Der „Ameisenzellstaat" ist also sozusagen in Funktionselemente, die Ameisen, untergeteilt. Es ist ja auch unwahrscheinlich, daß im System so niedrigstehende Insekten wie die Termiten als Einzelwesen — abgesehen von der Begrenztheit der Intelligenz durch die Kleinheit — soviel individuellen soziologischen Instinkt, um nicht zu sagen Verstand (Vernunft), aufbringen, um einen echten Staat repräsentieren zu können. Das Getriebe der Insektenstaaten ähnelt auch in gewissem Maße den automatischen Funktionen der Gewebe und Organe eines Tieres. Wollte man dem Einzelwesen eines Insektenstaates auf Grund seiner Leistungen eine Individualpsyche zusprechen, so müßte man eine solche aus gleichem Grunde auch irgendeinem Organe oder Gewebe eines geschlossenen Zellstaates zuerkennen. Der Insektenstaat als Ganzes ist demnach als Individuum zu werten und so einer Individualpsychologie einzuordnen. Das gilt ebenso von den Ameisen, Bienen oder Termiten wie, mit einiger Abwandlung, von einem Mückenschwarm oder dem Heerwurm, der das Gesagte drastisch demonstriert, kann man ihn doch wie eine Schlange vom Boden abheben, ohne daß sein verlebtes Madenband (Larven der Trauermücke, Wanderzug bis zu 3 m lang und 10 cm breit) zerreißt. Die Einkerbung der Insekten („Kerbtiere"), besonders der staatenbildenden, kann man schließlich bei einiger unfachmännischer Beurteilung als Andeutung zu jener Tendenz nach Trennung und Unterteilung bewerten. Nach gleicher Richtung weisen die Fortpflanzungseinrichtungen dieser Lebewesen, die nur dann zu verstehen sind und ihre Ungeheuerlichkeit (Termiten!) verlieren, wenn man den ganzen Staat als Individuum betrachtet, das Einzelwesen aber als Organ. Wollte man die Sache weiter analysieren, so würde man zu dem Ergebnis kommen, daß ein durchgebildeter Insektenstaat (Ameisen, Bienen, Termiten) aus 2 Individuen (2 Rassen!), einem männlichen und einem weiblichen, besteht und somit eine Stellung einnimmt, die zwischen echtem Staat und Zellstaat schwankt (dazu Amazonentum). Als einzelnes Individuum betrachtet, wäre ein Insektenstaat als Hermaphrodit anzusprechen, der die Grenzen des Zellstaates nicht überschreitet.

Es ist klar, daß dieser Weg der Natur — bei Erhaltung absolut kleiner Formen — eine Vereinigung von vielen Zellen unter einem einheitlichen Wollen ohne besondere Umorganisierung (Gehirnbildung) zu erreichen, sich für lange Zeiträume bewähren und einen großen Anteil an der Schar der Zellen ausmachen und somit in der gesamten belebten Materie einen großen Platz einnehmen mußte, wenn er auch zu den höheren Zielen nicht führte.

Je tiefer man die Leiter der Tiere hinuntersteigt und der letzteren Kräfte mißt, um so mehr treten die nun als falsch und trügerisch erkannten Wunderleistungen zutage. Und gar, wenn man das Mikroskop zur Hand nimmt und einige Protozoen (oder auch Rädertierchen) in ihrem flüssigen Medium herumtollen sieht, so sind ihre Schwimmleistungen auf den ersten Blick unfaßbar. Ähnlich wie mit Einzellern, die ja ohne ein spezialisiertes Bewegungssystem (Muskeln) ihre Ortsbewegungen so spielend ausführen, verhält es sich mit den Spermatozoen (Samentierchen oder -zellen, halbe Chromosomenzahl). Es ist bekannt, welche Leistungen — hinsichtlich der zurückgelegten Wegstrecken (gegen den Flimmerstrom der Eileiter sogar) in der Zeiteinheit (Geschwindigkeit) — diese „Halbzeller" vollbringen. Wenn wir naheliegenderweise mit ihnen einen Fisch vergleichen, so müssen wir eine ähnliche Überlegung anstellen, wie wir sie schon bei den Landtieren gemacht haben. Ohne Zweifel wird man hier zu ähnlichen Ergebnissen kommen wie dort (Heuhupfer — Pferd), wenn auch das Medium hier ein flüssiges (allerdings verschiedener Zähigkeitsgrade) ist und dort ein festes (Boden) plus gasförmiges (Luft). Ja sogar zwischen Land- und Wassertieren ist dieser Leistungsvergleich fortsetzbar unter entsprechender Berücksichtigung bzw. Aus-

28

schaltung der statischen Verhältnisse der Medien. Nirgends wird eine einzige Zelle eines „niederen" Tieres in sich wesentlich mehr Fähigkeiten bergen; ein Fisch mit einem bestimmten Gewicht, ein gleich schweres Landtier oder eine gleich schwere Summe von Einzellern werden eine gleich große Leistung aufbringen, sofern man von der schon erörterten Mehrleistung der höheren Formen absieht. Diese Mehrleistung kommt auch dadurch zum Ausdruck, daß die höheren Tiere einen größeren Lebensraum einnehmen als die niederen, also letzteren überlegen sind, wobei allerdings das Verhältnis des gegenseitigen Angewiesenseins der Lebewesen, besonders die Abhängigkeit der „höheren" von den „niedrigen" nicht berücksichtigt ist (symbiotisches Gleichgewicht).

Flug-, Fall- und Druckprobleme.

Der naturhistorische Aufstieg der „Lebewelt" aus dem feuchten Element ans Trockene (den die einzelne, lebende Zelle an sich niemals vollzog, denn sie schwimmt geradezu innerhalb des Zellstaates in der Körperflüssigkeit), das Werden des Seetieres zum Landtier, war nicht das letzte Ziel des „Willens der Natur". Auch die Lüfte sollten erobert werden.

Und wiederum sehen wir, ähnlich wie bei der Pseudostaatbildung, den Stamm der Insekten einen eigenen Weg beschreiten. Schon in ganz frühen Zeiten (Karbon) senden sie die ersten Flieger aus und heute noch bevölkern sie in ungeheuren Scharen die Atmosphäre.

Wir erinnern uns wieder der Ameisen. Aber nur kurze Zeit dauert die Flugkunst einiger von ihnen. Was liegt nun näher, als die ihnen psychologisch so wesensverwandten Bienen ins Auge zu fassen!

Was für die Ameise ihre Betätigung, das Laufen und Klettern, bedeutet, das ist den Bienen ihr Flug. Wir fragen uns hier, wie der „fliegende" Fleiß der Bienen — analog dem „laufenden" der Ameisen — vom Standpunkt der Leistungsmöglichkeit aus zu erklären ist, da es doch auf den ersten Blick unmöglich erscheint, daß z. B. ein Tier von der Größe und dem Gewicht eines oder mehrerer Menschen, das im Verhältnis

29

mit den gleichen Organen wie eine Biene ausgestattet wäre, jemals den Flug und die Flugausdauer der Bienen nachzuahmen imstande wäre. Die gleiche Frage erhebt sich selbstverständlich auch bei irgendeinem anderen fliegenden Insekt oder ähnlich bei den Vögeln, den vergangenen und lebenden Flugechsen, Fledermäusen u. dgl., obwohl natürlich der Insektenflug sich technisch sehr vom Vogelflug usw. unterscheidet.

Zu dieser Frage ist folgendes zu sagen. Außer den einschlägigen statischen Verhältnissen, die noch besprochen werden, gelten auch hier die gleichen Erwägungen wie bei den Bewegungen und Leistungen der erdgebundenen Tiere, doch schreitet bezüglich Flugvermögen die Verplumpung noch intensiver fort als bei den anderen Bewegungsarten. Das Grenzgewicht zum Muskelquerschnitt und zur internen Harmonie wird viel rascher erreicht und die Natur hat dadurch viel weniger und zu schwache Ausgleichsmittel (Spezialisierung, Umorganisierung) zur Verfügung. Schon von vorneherein erfordert der Flug eine größere Muskelleistung als andere Bewegungen, er stellt gewissermaßen eine Summe von hohen Sprüngen dar. Trotzdem würde ein Mensch, der die Flügelpaare von soviel Bienen, als sein Gewicht ausmacht, funktionsfähig an sich trüge (räumlich unmöglich), zum Bienenflug fähig sein, wenn nicht noch andere Momente mit hereinspielten; dieser Mensch müßte auch in einzelne kleine Körper — Bienenkörper — aufgeteilt sein.

Alle Bewegung des Lebens läuft letztlich und mechanistisch gedacht auf Überwindung des Trägheitswiderstandes und der Schwerkraft hinaus. Jedes Leben spielt sich in irgendeinem physikalischen Medium ab, sei dies nun Wasser, Erde, Luft oder sonstiges. Der Flug ist ein Schwimmen im Luftmeer.

Die Schwerkraft oder die Massenanziehung wirkt sich auf jeden Körper ohne Rücksicht auf seine Form und Größe im leeren Raum derart aus, daß die Fallgeschwindigkeit unabhängig von der Fallkraft die gleiche ist. Ein Stein und eine Feder fallen im Vakuum gleichschnell. Im lufterfüllten Raum dagegen ändern sich die Fallgeschwindigkeiten nach dem gestaltlichen Verhältnis eines Körpers zu seinem Gewicht infolge der Auftriebs- und Reibungskräfte der Luft (Luftwiderstand). Diese würden aber kaum ganz genügen, um einen spezifisch schwereren Körper als die Luft in letzterer schwebend zu er-

30

halten. Z. B. ist das spezifische Gewicht eines Stücks Kohle gleich dem eines Kohlenstäubchens, trotzdem fällt das Kohlenstück mit großer Wucht zu Boden, jedoch, in Staub aufgelöst, nicht, sondern es erhält sich dann lange in der Schwebe (vgl. auch Wolke, Diffusionsvorgänge gegen die Schwerkraft: Zucker, Salz usw. — obwohl schwerer — lösen sich im Wasser gleichmäßig auf). In beiden Fällen nimmt die Kohle gleich viel Raum ein; infolgedessen hat sich der Auftrieb nicht geändert. Dagegen hat die Kohle in der Staubform ihre Oberfläche absolut und relativ ungeheuer vergrößert, woraus ein entsprechend größerer Reibungswiderstand resultiert, der den Fall verlangsamt. Gleich geblieben ist auch die Massenanziehung zwischen Erde und Kohle bzw. zwischen Luft und Kohle. Aber eine neue Kraft, bei dem Stück Kohle gleich Null, ist praktisch wirksam geworden, das ist die Adhäsion zwischen Kohle und Luft. Die Adhäsionskräfte wachsen ebenfalls mit zunehmender Oberfläche (vgl. Kolloide). Reibungs- und Adhäsionskräfte sind es also, die einen Körper um so mehr der Wirkung der Schwerkraft entziehen, je größer seine Oberfläche im Verhältnis zu seinem Gewichte ist (Auftrieb: je größer sein Rauminhalt zum Gewichte ist; Beispiel Ballon), d. h. praktisch: je kleiner und spezifisch leichter ein Körper, desto eher schwebt er ohne eigene Kraft (Muskel, Motor) in der Luft.

Damit ist eigentlich schon die Antwort auf die Ausgangsfrage, warum nämlich der kleine Tierkörper außer den schon erwähnten, in Muskulaturverhältnissen gelegenen Gründen in der Lage ist zu fliegen und der große Zellkomplex davon ausgeschlossen ist, gegeben: Das kleine Tier wird beim Flug infolge seiner relativ großen Körperoberfläche weitgehend durch die „Luftkräfte" (Reibung, Adhäsion) unterstützt und es spart dadurch an Muskelarbeit gegenüber der Schwere. Natürlich spielt auch der Auftrieb eine gewisse Rolle, er ist aber in diesem Zusammenhange nicht wesentlich (Organisationsunterschiede).

Diese Unterstützung durch am Milieu gelegene physikalische Faktoren kommt auch noch den größeren Fliegern, den Vögeln usw. zugute. Bei den Vögeln spielt bekanntlich auch der Auftrieb in der Luft eine Rolle, und durch besondere Organisation erreichen sie ein niederes spezifisches Gewicht. Bezeichnend ist, daß manche Vögel auf einem Bein zu ruhen und zu schlafen pflegen. Diese Gewohnheit und Fähigkeit kann nicht allein auf einer günstigen Körperkonstruktion ohne Rücksicht auf die absoluten Körperausmaße beruhen. Das gilt auch von der Schlaf- und Ruhestellung der Fledermäuse (hängend) oder gewisser Insekten, die sich mit ihren Mandibeln „aufhängen“. Übrigens ist auch die Langhalsigkeit vieler unserer Vögel (Schwan usw.) von diesem Gesichtspunkt aus zu erwähnen. Ein großes Tier, z. B. ein Pferd, bedarf, um den Kopf ohne Ermüdung beliebig bewegen und halten zu können (um den Boden zu erreichen usw. muß der Hals lang sein) einer besonderen Einrichtung (elastisches Nackenband, viele Muskeln), die den Hals enorm verdickt und zwar besonders in der Richtung der Medianebene. Der Hals eines langhalsigen Vogels ist dagegen relativ schlank. Ein Pferd mit einem runden „Schwanenhals“ im eigentlichen Sinn (man spricht allerdings bei gewissen Pferden von einem solchen) ist ebensowenig denkbar als ein Vogel mit einem Pferdehals. Die langen dünnen Hälse der Plesiosauriden usw. wirken aus diesem Grunde so grotesk. Ihr Kopf war allerdings „fabelhaft“ klein. Trotzdem ist zu bezweifeln, ob man ihrer Lebensform durch die Rekonstruktion keinen Zwang antat. Denn auch ohne das Gewicht eines Kopfes kommt ein Hals, der eine gewisse absolute Länge überschreitet, mit derartig schlanken Proportionen kaum aus, es sei denn, daß der Hals am Kopfende gleich einem Schwanz sich am Boden stützt und der Kopf nicht straußenartig getragen wird (oder daß der Hals samt Kopf auf oder zum Teil unter dem Wasser schwimmt). Die statischen Faktoren, die hier ausschlaggebend sind, werden später noch besprochen.

Wird das Gewicht eines „Flugwesens“ zu groß, der notwendige Aufteilungsgrad zur Benützung der aerostatischen Vorteile unterschritten, dann wird es wieder festgebannt an die Erde, dann wird es Kletterer oder Läufer, es wird im Strauß (oder Moa oder Aepyornis) zum „Kamel“. Einen analogen Vorgang des Zurückgeworfenwerdens in das ursprüngliche Element läßt das Schicksal der großen Meeressäuger erkennen. Es soll aber hier nicht entschieden werden, wieweit diese Darstellung wörtlich zu nehmen ist; jedenfalls sind diese Tiere von eindrucksvoller Symbolik für das Versuchswesen der Natur.

32

Es könnte nun der Einwurf gemacht werden, daß einige riesige Flugsaurier gelebt haben und auch geflogen sind und daher die Flugmöglichkeit an keine absolute Größe gebunden ist.

Abgesehen von der Ungewißheit über die Flugkunst dieser Tiere ist dazu folgendes zu bemerken. Mögen sie auch eine Spannweite von 10 m gemessen haben, so ist doch sicher, daß ihr eigentlicher Körper nicht das 10fache Gewicht eines heutigen, nur 1 m spannenden Vogels besaß, sondern vielleicht das 3fache und somit klein und leichter war als z. B. der Straußenkörper. Gerade diese Riesenspannweite für das bißchen Körper deutet die mit zunehmender Größe (Gewicht) immer schneller steigende Unwirtschaftlichkeit und die schließlich eintretende Unmöglichkeit des Fluges an. Natürlich war auch die Organisation des Flugapparates an sich derjenigen eines guten Vogelfliegers nicht gleichwertig. Ein Organisationstyp wie z. B. die Schwalbe würde bei dem Körpergewicht dieser Flugsaurier keine 10 m Flügelspanne benötigen, um ebenso „schlecht“ zu fliegen. Nicht die Flugsaurier waren riesig, sondern ihre Flugapparate! Auffallend, d. h. unsere Behauptungen über den Ausschlag des absoluten Körpergewichts beim Fliegen bekräftigend, ist auch die Tatsache, daß die Tendenz zum Gigantischen bei den Flugsauriern am allerwenigsten zum Ausdruck kam; die meisten waren klein, was ja auch in der jetzigen Flugwelt der Fall ist. Vom Wasser zur Erde in die Luft: mit der Höhe fällt die Größe; steigt umgekehrt die Größe, dann geht es dieselben Stufen wieder zurück.

Ohne weiteres ist nun klar, daß der Mensch niemals seine Flugmöglichkeiten auf die Prinzipien des Insekten- oder Vogelfluges bauen kann, sondern andere Wege einschlagen muß und auch eingeschlagen hat. An Stelle der Muskelkraft ist auch hier wie bei aller Technik die transformierte Denkkraft getreten. Weiter auf die Flugtechnik (Segel-, Motor-, Auftriebsflug) des Menschen einzugehen, ist hier nicht der Platz. Jedenfalls zeigt auch dieses Beispiel, daß der Mensch in keiner Fähigkeit vom Tier außer Konkurrenz gesetzt werden kann und „der Bienen Fleiß“ kein rein psychisches Verdienst ist, sondern mehr auf einem physikalischen Vorteil beruht.

Nicht nur die aktiv fliegenden Tiere nützen diese Vorteile der Kleinheit.

Da wären einmal die passiv fliegenden Lebewesen, die also „geflogen werden", die vielen mikroskopischen Pflanzen und Tiere. Für ihre Staubkorngröße (Blütenstaub!) oder besser -kleinheit existiert eine Schwerkraft überhaupt nicht. Für sie gibt es nur die treibenden Kräfte bewegter Medien: Luft, Wasser u. dgl. Für sie gibt es keinen Fall oder Sturz, keine Höhe oder Tiefe, kein Unten oder Oben.

Für die Ameisen usw. dagegen existieren diese Dinge und Begriffe bereits. Aber was tut es ihnen, wenn sie von einem Baume stürzen, der 1000 mal so hoch ist wie ihr Körper lang! Gar nichts. Sie laufen unten ohne Nervenschock oder Verletzung geschäftig weiter oder wieder den gleichen Baum hinan. Denn ihnen hat der Luftwiderstand ein unsichtbares Polster untergelegt in jeder Höhe ihres Falles. Und doch will uns scheinen, daß dies nicht der einzige Grund ist, warum sie so unbeschadet davonkommen.

Auch im Vakuum würden sie einen Sturz eher und leichter ertragen als ein großes Tier. Wie erklärt sich das? Nun, ähnlich wie die Muskelleistungen.

Denn auch hinsichtlich Druck und Gegendruck, in ihren passiven Funktionen, sind die Gewebe (Zellen) der verschieden großen Tiere als ähnlich leistungsfähig anzunehmen. Und gerade Gewebspolster und Schutzhüllen, wie die Haut u. dgl., sind viel weniger als das Muskelgewebe der Tiergröße entsprechend, d. h. die kleinen Tiere haben relativ stärkere Hüllen: Die Haut einer Ratte z. B. ist, wenn überhaupt, nicht viel dünner, schwächer oder weniger widerstandsfähig als die eines Menschen. Abgesehen davon aber treffen auf eine Zelle bei den verschieden großen und schweren Tieren ganz verschiedene Gewichte und — etwa beim Fall — Drucke. Die kleinen Tiere belasten ihre Zellen in allen Fällen weniger, bei den großen dagegen muß die einzelne Zelle große Belastungen aushalten (Abb. 13): Die einwirkenden Druck-, Zug- und Preßkräfte nehmen mit der Größe (Gewicht) der Tiere absolut und für die Gewebseinheit auch relativ zu. Wenn auch die Leistung der Gewebe gegen Druck usf. organisatorisch gesteigert werden kann (in beschränkterem Maße als bei Muskelleistung), so sind doch auf diesem Gebiete die kleineren Tiere den größeren absolut überlegen. Eine Ameise kann nicht schneller laufen als

ein Pferd, aber ein Sprung aus 10 m Höhe würde die Ameise
als überlegen zeigen. Ein Heer von Ameisen mit dem Gewichte eines Pferdes besitzt eben eine enorme Gesamtober-
fläche und mit ihr eine entsprechend große Auffang-, Stoß-
abfangfläche (Verteilung des Drucks auf viele Zellen). Usw.

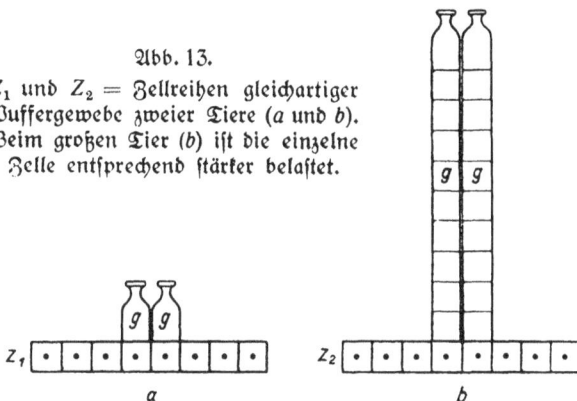

Abb. 13.
Z_1 und $Z_2 =$ Zellreihen gleichartiger
Puffergewebe zweier Tiere (a und b).
Beim großen Tier (b) ist die einzelne
Zelle entsprechend stärker belastet.

Immer noch sehr wirksam und nutzbar sind diese Verhältnisse für Tiere wie Katzen und Eichhörnchen, die sich bekanntlich
erstaunliche Luftreisen erlauben dürfen. Schweif und Fell
wirken zwar als Steuer und Fallschirm, aber einem größeren
Tier würden sie nichts oder nur sehr wenig nützen.

In einem gewissen Nachteil (?) befinden sich die kleinen
Tiere gegenüber den großen hinsichtlich des atmosphärischen
Druckes: Je größer die relative Oberfläche eines Tieres zu
seiner Masse ist, um so stärker lastet dieser Druck verhältnismäßig auf dem Gesamtkörper. Diesem Druck muß durch den
Körper ein permanenter Gegendruck entgegengesetzt werden.
Er erspart jedoch vielen kleinen Tieren einen komplizierten
Atmungsapparat, insofern der Sauerstoff(-partial-)druck aus-
reicht, um durch einfache Apparatur (Haut, Stigmen) dem Tier
das Atmen zu ermöglichen. Je größer die relative Oberfläche,
um so leichter gehen Austauschvorgänge vonstatten, seien die
beteiligten Stoffe nun Gase oder Flüssigkeiten (vgl. Oberflächenentwicklung von Lunge, Darm, Niere). Eine Zelle, ein
Einzeller bedarf keiner besonderen Eingänge für Gase oder

Flüssigkeiten: Oberflächendynamik. Und im großen Organismus bleibt aus dem gleichen Grunde immer die kleine, einzelne Zelle der wirksame Bestandteil: Herrschaft der absoluten Größe der Zelle. Aber auch die Zelle birgt in ihrem Innern eine dynamische Größenstruktur...

Letztlich ist es auch bei diesem äußeren Druck die Zelle, die ihn auszuhalten hat (Abb. 14), gleichviel ob sie einem großen oder kleinen Tier angehört.

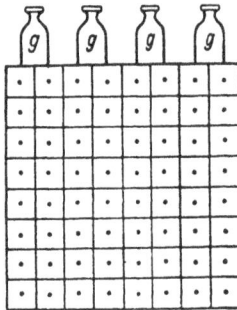

Abb. 14.
a = großes Tier; b = kleines Tier (Zellreihe),
g = Luftdruck für alle Zellen gleich groß.
Bei a größere Summe von Gegenkräften (Masse).

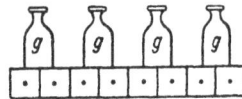

Bei vielen Tieren sind allerdings die meisten der nicht oberflächlichen Zellen infolge zeltartiger Konstruktionen (Knochengerüst, elastische Häute, darüber Haut gespannt) dem atmosphärischen Druck nicht ausgesetzt. Der Chitinpanzer der Arthropoden deckt ebenfalls den Luftdruck großenteils ab (wo nicht, dort zum Atmen verwertet). Selbstverständlich wirkt der Druck der Atmosphäre von allen Seiten auf das Tier ein, auch von innen nach außen, wenn es sich um Körperhöhlen handelt, die mit der Atmosphäre kommunizieren. Eine Gelenkhöhle aber z. B. stellt ein Vakuum vor; der äußere Luftdruck hilft mit, die spaltgelenkig verbundenen Knochen (Extremitäten) aneinander zu pressen. Dies relativ um so mehr, je kleiner die betreffenden Glieder sind, d. h. je mehr Oberfläche sie relativ besitzen. Die kleinsten Tiere besitzen auch relativ die leichtesten Glieder: Luftdruck ersetzt in diesem Punkt Muskelmassen (ebenso Bänder u. dgl.); das ganze Tier wird durch den Luftdruck relativ fester zusammengefügt.

36

Der arterielle Blutdruck ist bekanntlich höher als der atmosphärische Druck. Daran erkennt man, daß die Zelle als solche gegen derartige Drucke nicht empfindlich sein kann. Auch kann auf die einzelne Zelle, ob sie nun einem kleinen oder großen Tier angehört oder „alleinsteht" oder wie auch der Organisationsplan des Tieres ist, nie ein höherer als der gegebene atmosphärische Druck treffen. Dasselbe gilt überhaupt für jede Oberflächeneinheit. Nur berechnet auf die Masse oder auf Massenteile ändern sich diese Verhältnisse, und es ist folgende Umkehrung der Zustände zu konstatieren: Kleine Tiere erleiden relativ großen Druck von außen (Luft) und kleinen von innen (Eigengewicht), bei großen Tieren ist das Umgekehrte der Fall. Daher sind große Tiere durch Überschreitung des Druckspielraumes von innen in Gefahr (Fallen), kleine Tiere dagegen eher durch eine solche von außen (Insekten als Barometer, besonders lebhaft usw. bei niedrigem Luftdruck, bei hohem dagegen ruhig).

Der früher geschilderte Nachteil der Notwendigkeit großer Muskelmassen bei großen Tieren wird natürlich durch den Vorteil der relativ geringeren Luftlast auch nicht annähernd behoben (Verhältnis zwischen Luftgewicht und Muskelleistung!). Umgekehrt erwachsen den kleinen Tieren aus der relativ größeren Luftbelastung keine Nachteile. Eine zahlenmäßige Analyse dieser Verhältnisse wäre zu begrüßen und aufschlußreich.

Nicht unbewußt zu verwechseln ist der Luftdruck mit dem schon gebrauchten Begriff des Luftwiderstandes.

Der Luftwiderstand hat allerdings für kleine Tiere gewisse Nachteile. Wenn er das Fliegen und Schweben ermöglicht, so hemmt er anderseits die Fortbewegung, sei es die des Laufens, Springens oder Fliegens. Aber dieser Nachteil wird durch die übrigen dynamischen Vorteile der Kleinheit leicht ausgeglichen (Verhältnis zwischen Luftwiderstand und Muskelleistung). Und der Vorteil, den große Tiere aus dem relativ geringeren Luftwiderstand ziehen, fällt kaum ins Gewicht.

Hinsichtlich des Fliegens und der dabei zugleich auftretenden Nach- und Vorteile des Luftwiderstandes liegt ein scheinbarer Widerspruch vor: Man sagt sich, daß der hemmende Luftwiderstand zwar den Fall bremst, aber ebenso auch die Fortbewegung beim Flug und daß infolgedessen die Vorteile der

Kleinheit für das Fliegen gar nicht gegeben sind, sondern durch die naturgleichen Nachteile hinfällig werden.

Dem ist aber nicht so. Der Widerstand der Luft (der mit der Geschwindigkeit wächst im Gegensatz zur Luftlast, die stets und von allen Seiten gleich bleibt) ist bei jeder gleich schnellen Bewegungsart (Lauf, Sprung oder Flug) der gleiche, und er wird (mühelos) in allen Fällen durch Muskelkraft überwunden. Unabhängig davon kommt aber bei kleinen Tieren noch der vertikale, konstant gegen die Schwerkraft wirkende Luftwiderstand hinzu. Dieser ist es, der den kleinen Tieren das Fliegen erleichtert. Ein extremer Fall ist der, daß die beiden Komponenten: Schwere und Luftwiderstand gegenwirkend gleich groß sind (Abb. 15). Dann schwebt der betreffende Gegen-

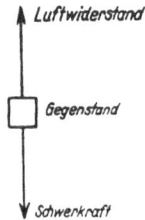

Abb. 15.
Luftwiderstand und Schwerkraft halten sich in der Einwirkung auf einen Gegenstand die Waage, wenn letzterer entsprechend klein ist.

stand in der Luft. Ist der Luftwiderstand größer als die Schwerkraft, so bedarf dieser Gegenstand sogar einer Kraft, um sich abwärts zu bewegen (kommt bei keinem Tier praktisch in Frage).

Jedes Tier, das so klein ist, daß sich dieser vertikal hebende Einfluß praktisch geltend macht, ob es nun Flieger, Springer oder Läufer ist, wird unabhängig von seinen willkürlichen Bewegungen mehr oder weniger dem Einfluß der Schwerkraft entzogen. Dies ist natürlich auch ein Grund der scheinbaren, relativen Mehrleistungen der kleinen gegenüber den großen Tieren. Weiterhin ist der Unterschied zwischen Fliegern und Nichtfliegern um so geringer, je winziger die Tiere sind. Was keine Flügel trägt, kann dann wenigstens im Fallen viel leisten (Flieger und „Faller").

Anfügend sei noch bemerkt, daß die kleinen Tiere auch schon auf Grund ihrer anderweitigen dynamischen Vorteile und ohne die Hilfe des Luftwiderstandes leichter als große Tiere zu fliegen in der Lage sind; ferner, daß das Fliegen eines Tieres, bei dem

38

der Luftwiderstand gleich der Schwerkraft wäre, einem „Lauf in der Luft" gleichzusetzen ist.

Im großen und ganzen gereichen Luftdruck und Luftwiderstand den Tieren um so mehr zum Vorteil, je kleiner letztere sind. Ausschlaggebend ist stets das „Maß der Dinge" und ihr gegenseitiges Verhalten bei verschiedenen absoluten Größen (Oberfläche, Widerstände, Muskelkraft usw. bei groß und klein).

Ungeachtet aller dieser Verhältnisse bringt die starke Oberflächenentwicklung der kleinen Tiere doch einen Nachteil mit sich: den großen Wärmeverlust. Vielleicht ist aber dieser Wärmeverlust biologisch ein Vorteil. Gleichviel: Als Ofen eines Tieres ist dessen Masse oder die Umgebung anzusehen. Daher sind die kleinen und niedrig organisierten Tiere wechselwarm. Die kleinen, hochorganisierten Geschöpfe bedürfen zu ihrer Thermostabilität relativ großer Mengen Verbrennungsmaterials. Die Vögel geben hierzu demonstrative Beispiele; zugleich ist bei ihnen die Leistung damit parallel geschaltet. Die wechselwarmen großen Landtiere sind dementsprechend meist träge. Auch das Phänomen „Winterschlaf" fügt sich in diesen Zusammenhang: Temperaturabfall — keine Leistung.

Am wenigsten lang können Vögel Hunger ertragen (klein und höchste Normalkörpertemperaturen), dagegen Wassermangel wegen der weitgehenden Harnwasserresorption länger als Säuger. Der Stoffwechsel der Insekten verläuft im allgemeinen um so schneller, je höher die Außentemperatur ist; um so lebhafter und tätiger werden diese Tiere auch.

Je mehr Oberfläche ein gleichwarmes Tier pro Gewichts-(Massen-)einheit aufweist, desto mehr Verbrennungstätigkeit, die durch physiologische Arbeiten aller Art ausgelöst wird (umgekehrt wie bei Maschine), ist ceteris paribus zur Regulierung des Wärmehaushalts nötig. Anderseits wird die Körpermasse Wechselwarmer bei großer Oberfläche leichter von der Umgebung „aufgewärmt".

Der Zwang zu regerem Stoff- und Kraftumsatz ist wohl auch beteiligt an der großen Ausdauer der kleinen Tiere. Körpermasse und- oberfläche, Körpertemperatur, dynamische Leistung und Stoffwechsel sind Faktoren, deren Grad und Größe im Zusammenspiel ein Tier in seiner Eigenart weitgehend festlegen.

Tierstimme und Tiergröße.

Zu den auffallendsten Lebensäußerungen vieler Tiere zählt ihre Fähigkeit der Tonerzeugung, die Stimme. Noch auffälliger aber ist die Tatsache, daß vielfach nichts weniger von der Größe des betreffenden Tieres abhängig ist als die Lautstärke seiner Stimme.

Vergegenwärtigt man sich die Stimmen der Vögel, Frösche, Raubtiere, Pferde, Rinder, Schweine, Hunde, Gemsen, des Rotwildes usf. (die Laute der Insekten, z. B. das Zirpen der Grillen, werden durch keinen exspiratorischen Luftstrom hervorgerufen und werden hier aus Mangel an Vergleichsmöglichkeit übergangen), so hat man eine der Größe nach sehr unterschiedliche und gemischte Tiergesellschaft wie auch ein buntes Stimmengewirr vor sich, und man ist erstaunt darüber, daß die Töne der Kleinen nicht untergehen in denen der Großen. Der Gesang des winzigen Zaunkönigs ist nicht weniger weit hörbar als der der Amsel, der Kuckuck ruft nicht schwächer aus dem Wald als der „lautgebende" Hund, das Quaken eines Frosches klingt durchdringender als das Wiehern des Pferdes, das Balzgebrüll der Rohrdommel läßt dem Rören des Rotwildes nichts nach, das Geschrei des Papageis nichts der Stimme des Menschen.

An diesen Beispielen erkennt man, daß weder Tonhöhe noch Lautstärke ein Maßstab für die Größe eines Tieres sind. Der Einwand, daß bei den Vögeln der untere Kehlkopf (Syrinx) die Stimme erzeuge und diese daher mit Larynxstimmen nicht vergleichbar sei, ist natürlich hier nicht stichhaltig. Dagegen könnte man einwenden, daß die Stimme eines Tieres keine notwendige und allgemeine Leistung, sondern nur als mehr oder weniger ausgebildetes Anhängsel anzusehen sei und jedem stimmbegabten Tier, groß oder klein, ein annähernd gleich starkes Instrument mitgegeben worden wäre. Die Anatomie lehrt aber, daß auch die stimmerzeugenden Organe nicht getrennt und unabhängig vom übrigen Tierkörper bestehen, sondern eng und innig mit ihm verbunden und verflochten sind. Sowohl der den Luftstrom liefernde Blasbalg und Motor (Lunge mit akzessorischen Organen) wie auch die schwingenden Saiten (Stimmbänder) und Resonanzböden (Thorax, Trachea, Kopfteile) sind der Größe des betreffenden Tieres gemäß. Auf

40

Grund dieser Verhältnisse müßte man also eine viel stärker abgestufte Lautintensität bei den verschiedenen Tierarten erwarten. Die Stimmleistung der kleinen Tiere aber ist — cum grano salis — jener der großen vielfach absolut ebenbürtig und relativ gewaltiger noch, als der Schein ihrer Muskelleistungen. Daher reichen unsere bisherigen Auseinandersetzungen nicht aus, und wir müssen das Phänomen von einer anderen Seite anfassen, und zwar von der physikalisch-akustischen.

Man stelle sich einige „abgegebene" Stimmen in der Luft schwebend vor, die akustisch, vergleichend, ohne Rücksicht auf ihre Herkunft zu untersuchen sind. Wir nehmen weiter an, daß sie trotz verschiedener Tonfarbe das Ohr mit gleicher Intensität erregen. Dann drängt sich die Frage auf, ob diese Stimmen energetisch von gleichem Gehalt sind.

Versetzen wir uns in die freie Natur! Ein leiser Wind bewegt die Wipfel der Bäume hin und her; ein Windrad dreht sich rasch um seine Achse und versorgt einen Schöpfbrunnen mit Kraft, das Wasser zu heben, das tief unten im Schachte ruht. Diese Arbeit leistet ein schmaler, winziger Ausschnitt aus einem Wind, einer Luftbewegung, die wir gar nicht mit dem Gehör wahrgenommen hatten. Also: Die Energiemenge einer Luftbewegung bedingt nicht einfach den akustischen Effekt. Der lautloseste Wind enthält viel mehr Arbeitskraft als der stärkste Schrei, den der Gehörsinn wahrnimmt, der aber kaum aus nächster Nähe ein Blatt bewegt.

Weiterhin ist einleuchtend und steht fest, daß der Hauch eines Pferdes eher ein Windrad zu bewegen oder zu treiben in der Lage ist als das Schmettern eines Finken.

Die Klärung dieser Verhältnisse liegt in der Unterscheidung von Schwingungszahl und Energie. Die Wahrnehmung eines Tones ist an die S c h w i n g u n g s z a h l gebunden und nicht an die Energie einer Luftbewegung.

Was der Fink ausströmt, ist alles für das Ohr geformt, liegt alles innerhalb des Bereiches der Schwingungszahlen, die das Ohr affizieren, also Töne sind. Dieser Bereich ist relativ schmal und alles, was sich außerhalb seiner Grenzen befindet, gehört nicht in das „Reich der Töne".

So ist jedem stimmbegabten Tier, ob es nun viel oder wenig „Wind" zur Verfügung hat, nur eine begrenzte Verwertung desselben zur Tonerzeugung möglich, aller übrige geht lautlos verloren. Ein kleines Tier, das seine Exspirationsluft in ganzer Breite zu Stimme machen kann, wird in der Lautstärke von keinem noch so großen Tier übertroffen, das keinen größeren Ausschnitt seines Luftstromes in den Dienst der Tongebung zwingen kann. Ein gewisses Minimum der „Lungenwindstärke" ist natürlich zu jedem Ton notwendig; aber schon sehr kleine Tiere sind in seinem Besitze. Natürlich ist deswegen der umfangreiche „Blasbalg" der großen Tiere nicht überflüssig, denn die Hauptsache ist das Atmen, worauf der ganze Organbau eingerichtet ist, und nicht die Inbetriebsetzung der Serie von „Orgelpfeifen", die ihnen mitgegeben worden ist. Die Stimme ist nur eine untergeordnete Nebenleistung des Luftstromes der Lunge (tatsächlich ist die akustische Energie der Laute und Töne außerordentlich gering). Sogar das spezielle Stimmorgan, der Kehlkopf, ist der Breite des nötigen Atmungsluftstromes, dem Querschnitt der Trachea angemessen, ohne dabei immer akustisch zu gewinnen.

Schmerzempfindung, Fortpflanzung und Tiergröße.

Die Frage der Stimmleistung (im Sinne physiologischer Arbeit) läuft letztlich auf eine Frage des Gehörsinnes hinaus, der nur den vom Kehlkopf modifizierten Teil des Luftstromes empfindet und registriert. Je nach Tierart und -individuum wird der Empfindungsgrad, die passive Funktion des ganzen Vorganges verschieden sein. Da erhebt sich nun die Frage, ob die allgemeine Empfindungsfähigkeit und der allgemeine Empfindungsgrad für Reize je nach Tiergröße verschieden sind.

An Extremen sublimiert sich oft das Wesen und die Wahrheit einer Lebenserscheinung. Ein solches Extrem ist auch die Schmerzempfindung, ein äußerster Punkt auf der Skala der Empfindungen.

Ohne sich in psychologische Probleme zu verwickeln, kann man annehmen (auch dann, wenn man die Psyche der Nervensubstanz überordnet und letztere als ihre Realisationsform mit Werkzeugfunktion ansieht), daß mit fortschreitender Verfeinerung der Innervation auch die Empfindung und der Bewußt-

42

seinsgrad sich verstärken. Darauf soll aber vorerst gar nicht eingegangen werden, sondern wir nehmen in diesem Punkte für alle Tiere gleiche Voraussetzungen an.

Man stelle sich eine Maus mit menschlicher Seele und daneben einen wirklichen Menschen vor. Wir nehmen nun eine feine Nadel zur Hand und stechen damit sowohl dem Menschen wie der „Mensch-Maus" in die Haut, beide Male mit gleicher Kraft. Niemand wird unter den angenommenen Bedingungen bezweifeln, daß beide Geschöpfe den Einstich mit gleicher Empfindungsqualität und -quantität verspüren. Jetzt aber greifen wir zu einem Messer und machen in die Haut beider einen etwa 2 cm langen Schnitt und fragen uns, ob es sich wieder um zwei gleich schmerzhafte und überhaupt subjektiv gleichwertige Verletzungen handelt. Die Mehrzahl wird das verneinen mit der Begründung, daß ein 2 cm langer Hautschnitt für einen Menschen nichts, aber für eine Maus eine ungeheure Verwundung bedeute.

Dann aber müßte der Nadelstich im Verhältnis zur Größe der Maus auch schon einen entsprechend schwereren Eingriff darstellen. Ferner ist bei allen zwei Geschöpfen jeweils die gleiche Zahl von Zellen (der zelluläre Bau der Gewebe ist ähnlich) irritiert bzw. durchtrennt und damit die absolut gleich breite, objektive Basis für subjektive Schmerzempfindung geschaffen worden. Es ist also anzunehmen, daß die Maus eine gleich große Verletzung nicht stärker schmerzt als den Menschen (abgesehen davon, daß die Größe einer Verletzung den Schmerz nicht einfach multipliziert und jedem Schmerz durch die absolute Kapazität des Schmerzzentrums Grenzen gesetzt sind). Dies ist jedoch nur solange der Fall, als die Verwundung der Maus keine Nachbarorgane erreicht und Folgen hat, die funktionshemmend wirken und dadurch sekundäre Schmerzgebiete schaffen oder den Tod herbeiführen würden. Größe und Art eines Insults stehen wohl bei jeder Tierart und -größe in einer gewissen Beziehung zur Lebensmöglichkeit. Was dem großen Tier nur ein Schnittchen, kann für ein kleines der Todesschnitt sein, ohne daß vielleicht die lokale Schmerzempfindung höher ist.

Die niedrigen Tiere (z. B. Planaria und andere Würmer) werden Schmerzen um so weniger empfinden, je stärker ihre

Regenerationsbefähigung ist. Schließlich gibt es für gewisse
Tiere keinen Schmerz oder Todesschnitt mehr. Je höher ein
Tier organisiert ist, um so mehr Gefahren und Empfindung
hat es in sich, desto weniger Gewebszerstörungen im Verhältnis
zu seinem Gesamtgewicht verträgt es, desto schwieriger gestaltet
sich auch die Heilung. Bei gleicher Organisation ist das größere
Tier im Vorteil, denn ihm stehen für einen absolut gleich großen
Insult mehr Heilgewebsmassen zur Verfügung als dem kleinen.
Trotzdem kann natürlich die spezifische Organisation über die
Größenverhältnisse dominieren. Man denke nur an die verschiedenen Kleider der Tiere (Haare, Federn) hinsichtlich Wärme-
wirkung. Durch sie wird oft die relativ größere Wärmeabgabe
kleiner Tiere (große Oberfläche, wenig „Heizmasse“) kompen-
siert. Aber auch abgesehen vom Kleid ist die Haut der verschiedenen Tiere gegen Kälte verschieden empfindlich, und zwar
zweckmäßig dort am unempfindlichsten, wo eine Schutzempfin-
dung (Gefahr zu großer Wärmeabgabe) nicht nötig, der Körper
als ganzes automatisch gegen Kälte geschützt oder in der Weise
resistent ist, daß er eine Erniedrigung der Körpertemperatur
ohne Schaden verträgt (Winterschläfer mit und ohne Pelz,
Wechselwarme, teilweise und totale Abhängigkeit von Außentemperatur, Speckschichten). Bemerkenswert und bekannt ist
die Tatsache, daß z. B. die Haut des Hundes gegen Operationen
ziemlich unempfindlich ist. Auch bei vielen anderen Tieren
muß das der Fall sein, denn wie wäre es sonst denkbar, daß sie
unbekümmert, aus eigenem Antrieb und sogar mit Lust durch
Busch und Stein ziehen in einer Weise, die dem Menschen
alle „Glieder zerschlagen“ würde (Hunde, Vögel, Rotwild,
Schwarzwild usf.).

In Widerspruch zu der Meinung, daß die Wirbellosen noch
weniger Schmerz empfinden, steht, daß ein Regenwurm sich
„krümmt vor Schmerz“, wenn sein Körper durchtrennt wird.
Bei genauerem Beobachten wird man aber merken, daß nur
ein Teil davon diese Bewegungen ausführt, und zwar gerade der,
in dem sich die höchsten Nervenzentren, worin die Schmerzempfindung lokalisiert sein müßte, nicht befinden, während der
andere, unbewegte Teil diese Zentren enthält. Es handelt
sich also bei diesen heftigen Krümmungen eher um die Folge
eines konstanten Erregungszustandes der peripheren, motori-

44

ichen Zentren, der durch den Reiz der Verletzung ausgelöst worden ist. Die Form (Krümmung) der Bewegungen ist dem Bewegungssystem des Wurmes ganz entsprechend.

Äußerst gleichgültig gegen schwerste Verstümmelungen sind die Insekten, obwohl bei ihnen die Regenerationsbefähigung sehr gering ist. Oft läßt sich ein Insekt an der Nahrungsaufnahme nicht einmal durch die Amputation von Körperteilen und -hälften behindern. Das erinnert an das durstige Münchhausensche Pferd ohne Hinterhand! Sogar Selbstauffressen von Raupen oder Libellen (gierige Tiere!), deren Mundteile an eine ihnen gesetzte Wunde oder an das unverletzte Hinterende gebracht werden, hat man beobachtet. Beweis genug, daß sie ziemlich gefühllos sind.

Schmerz ist Schutz. Normaliter sind aber die Insekten infolge ihres Panzers und vor allem ihrer Kleinheit (wie schon ausgeführt) den „Schwerkraftsverletzungen" und auch anderen (geringer Trägheitswiderstand; Stoß, Druck) wenig ausgesetzt und können sich daher, ohne sich der Gefahr des Artunterganges auszuliefern, diese sensible Nervenlosigkeit erlauben. Die größeren Tiere gingen daran zugrunde. Der Mensch allerdings scheint eher der Gefahr der sensiblen Nervenfülle zu erliegen.

Die Spinnen verhalten sich naheliegenderweise ähnlich wie die Insekten. Je kleiner ein Tier, einer um so absolut und relativ geringeren Sinnesempfindung bedarf es zur Erhaltung und Entfaltung seines Lebens, desto mehr reicht die primitive Plasmaempfindung aus und desto eher kann es spezielle Sinnesorgane entbehren, aber auch um so unmöglicher wird ein Sinnesorgan, dessen Wirkung ja an eine gewisse Anzahl von Zellen geknüpft ist. Ein einziges Sinnesorgan eines großen Tieres übertrifft an Zahl der Zellen und Feinheit der Struktur manches niedere Tier als solches, gar nicht zu denken an die Einzeller. Unterhalb einer bestimmten absoluten Größe ist jedes Tier als Ganzes zugleich Universalsinnesorgan.

Auch für andere Organe und Funktionen kann man Ähnliches behaupten. Als Beispiel diene die Klasse der Spinnen, weil gerade sie die Möglichkeit bietet, das Ausschlaggeben der absoluten Größe aufzuzeigen, insoferne hier in einer Klasse bedeutende Organisationsunterschiede vorkommen, die aber sozusagen durch den Größenunterschied ausgeglichen werden:

Die „Kleinheit" tritt an die Stelle eines Organs, nämlich des Atmungsapparates. Die meisten Spinnen besitzen eine Tracheenlunge, die kleineren Arten ein Trachealsystem wie die Insekten (oder gemischt), die kleinsten aber vielfach überhaupt kein eigenes Atmungssystem. Es ist bei ihnen aus ähnlichen Gründen überflüssig wie bei den Einzellern (Oberfläche im Verhältnis zur Masse). Wäre das nicht so, dann wäre die Existenz solch kleiner Lebewesen in Hinblick auf die im allgemeinen gleiche Zellgröße undenkbar.

Heilung und Regeneration sind verwandt mit den Vorgängen des Wachstums und der Fortpflanzung. Fortpflanzung kann man als überindividuelles Wachstum auffassen. Wenn ein Tier (ganz oder annähernd) erwachsen ist, dann wird es geschlechtsreif, vermehrt sich, wächst über sich hinaus. Die neue Generation wiederholt in ganz gleicher Weise das individuelle Wachstum und macht Halt bei der seiner Art zukommenden absoluten Größe (Masse, Gewicht). Diese Tatsache ist für das ganze Naturgeschehen von fundamentaler Bedeutung. Es ist aber in diesem Rahmen nicht möglich, die Ursachen dieser Größengrenzsetzung zu untersuchen. Daß bei dieser biologischen Größenordnung eine strenge Gesetzmäßigkeit herrscht, die einen Schmetterling nicht zur Größe eines Reihers, die Maus nicht zu der einer Katze, kurz, die Bäume nicht in den Himmel wachsen läßt, ist offenkundig und den meisten von uns sogar selbstverständlich. Man sagt einfach, daß es sich dabei um eine Arteigenschaft handelt. Aber warum gibt es dann überhaupt kein Säugetier, keinen Vogel, kein Insekt usf. unter oder über einer gewissen absoluten Größe? Wenn sich auch die Tierkreise bezüglich der Körpergröße der ihnen angehörigen Arten mehr oder weniger überschneiden, so ist doch jeder Tierstil nur innerhalb bestimmter Ausmaße denkbar. Und wenn Ausnahmen davon auftreten, so ist man unwillkürlich überrascht. Man denke nur an die Bewunderung, die eine Nachricht über die Existenz von „riesigen" Fröschen, Würmern, Insekten, Spinnen oder von „winzigen" Vögeln und Mäusen, kleinen Pferden und Menschen usw., kurzum von Riesen oder Zwergen im Vergleich zur Durchschnittsgröße der betreffenden Ordnung oder Art auslöst, und man wird dieser naiven Beurteilung auch nach kritischer Überlegung zustimmen. Wir empfinden ein Geschöpf, deſſen Größenmaße außerhalb der „Ordnungsdimenſionen" liegen, als abnorm, ähnlich wie man es als Karikatur bezeichnet, wenn es hinſichtlich ſeines Bauſtils, ſeiner Proportionen und Linienführungen ſich abſondert und die allgemeine Ausdrucksform ſeiner Kreis-, Ordnungs- uſw. Genoſſen übertreibt, verleugnet oder verläßt; es wirkt um ſo bizarrer, je öfter und weiter es die Grenzen des „natürlichen" Syſtems dabei überſchreitet (aus Art, Gattung, Familie, Ordnung uſw. ſchlägt).

Unwillkürlich empfinden wir auch die Darſtellungen der großen Saurier (zum Teil auch ſchon die Skelette kleinerer) als grotesk. Warum? Unbewußt nimmt man bei der Beurteilung und „Erſchauung" irgendeines Lebeweſens (natürlich auch anderer Gebilde) den uns in die Wiege gelegten Maßſtab für abſolute Maße zur Hand. Wir fühlen, wie groß ein Tier ſein darf, um ſeinem Bauſtil zu entſprechen, wir erſchauen ſofort und ohne vorherige Überlegung die abſoluten Grenzen, innerhalb der ſich die Proportionen eines Tieres abſpielen dürfen. Es iſt dies das gleiche Gefühl, welches wir techniſchen Dingen oder Bildern und anderen Darſtellungen gegenüber entwickeln. Jedes Kind kann an der Form eines Autos deſſen techniſchen Wert ermeſſen unter Berückſichtigung des Zweckes (Perſonen oder Laſten), und wenn wir das Bild eines uns fremden Tieres ohne allen Vergleichsmaßſtab beſehen, ſo gewinnen wir zugleich eine Vorſtellung von der wirklichen, abſoluten Größe des betreffenden Tieres. Bei der tatſächlichen, abſoluten Größe des Durchſchnittsmenſchen iſt beiſpielsweiſe der goldene Schnitt für viele Beziehungen die angebrachte oder ideale relative Maßeinheit; für Liliputaner oder menſchliche Rieſen wäre er nicht der Lebensharmonie und -dynamik entſprechend. Und ebenſowenig die Proportionen einer Spinne in der abſoluten Größe etwa eines Hundes möglich wären, ebenſowenig könnte der Hundetyp und ſein „Schnitt" im abſoluten Spinnenausmaß exiſtieren. Alles Getier, deſſen Habitus ſich in dieſem Sinne außerhalb, ſei es nun ober- oder unterhalb der idellen abſoluten Grenzen befindet, erregt unſer Erſtaunen. Freilich kann das Erſtaunen auch noch durch andere Momente hervorgerufen werden, ſo z. B. durch die Seltenheit oder Neuheit des Vorkommens eines Tieres. Aber das iſt etwas ganz anderes. Jedenfalls erkennen wir, daß die abſolute Größe von ausſchlaggebender Bedeutung ist in ihrer Beziehung zu den Relationen der einzelnen Teile untereinander und daß durch eine proportionale Vergrößerung oder Verkleinerung ein harmonisches Tier verzerrt wird und daß möglicherweise auch ein disharmonisches Lebewesen dabei gewinnen könnte.

Das Gebiß der großen Saurier („Drachenzähne") als Ganzes war zumeist riesig. Das gleiche kann man aber vom einzelnen Zahn nicht in dem Maße behaupten. In keinem Fall war (oder ist, denn auch bei den entsprechenden heutigen Tieren trifft es zu) der einzelne Zahn nach unseren Begriffen der Größe des Tieres angemessen. An Stelle der entsprechenden Größe trat die Zahl der Zähne, die sich oft auf hunderte und mehr belief. Dies hat seinen Grund darin, daß, je größer ein Zahn ist, er um so verhältnismäßig weniger leistet. Handelt es sich um einen Mahlzahn, so sinkt die Zunahme der gerade hier notwendigen Nutz- bzw. Reibfläche, denn je größer ein Körper ist, desto relativ weniger Oberfläche besitzt er. Handelt es sich um einen Raubtierzahn, so muß er eine gewisse Schärfe, Spitze oder Schneide bewahren, was auch nur mit relativ kleinen Zähnen vereinbar ist. Die Wirkung einer Spitze oder Schneide geht nicht mit der Größe eines Tieres derart, daß sie gleichlaufend stumpfer werden dürften! Auch ein sehr großes Tier braucht scharfe Waffen. Wieder ein Beispiel, wie gewisse absolute Größen, in diesem Falle Feinheiten, der Relativierung nicht zugänglich sind.

Je kleiner ein Tier, um so zahlreicher ist im großen und ganzen seine Nachkommenschaft; es herrscht also ein gewisser Ausgleich des individuellen Wachstums. Warum nun — biologisch gesehen — diese stilgebundenen Wachstumsgrenzen gesetzt sind, geht aus der ganzen bisherigen Betrachtung über die Leistungen der Tiere hervor und wird noch in der Folge deutlicher werden. Gibt es nun auch für die Tierart Expansionsgrenzen (Zahl der ihr angehörigen Individuen)? Gewiß. Sie liegen zum Teil in dem Verhältnis von Größe und Lebensalter der Tiere zu ihrer Vermehrung.

Zur Erhaltung des biologischen Gleichgewichtes ist außer den Umwelteinflüssen auch innerhalb des Individuums eine gewisse Norm notwendig, durch welche der schrankenlosen Vermehrung der Art Grenzen gesetzt werden. Würden sich die

48

großen oder ein hohes Alter erreichenden Tierindividuen so schnell wie die kleinen oder früh sterbenden vermehren, so wäre ihre Art alsbald an Masse in einem unerträglichen Übergewicht oder sie müßten nach ihrer Geburt zum größten Teil ausgemerzt werden. Wir sehen aber, daß hierin ein geregelter Ausgleich herrscht: Sowohl die großen wie die langlebigen Tiere (was nicht immer Hand in Hand geht) pflanzen sich im ganzen und großen spärlicher fort als die kleinen und kurzlebigen. Diese Regel wird nicht hinfällig durch gewisse Abweichungen, die durch die Form der Fortpflanzung gegeben sind: z. B. werden eierlegende Tiere ceteris paribus mehr Nachkommen erzeugen als lebendgebärende (Sicherheitsfaktor). Man denke an die Schildkröten, deren fabelhafte Langlebigkeit neuerdings bestritten wird, die aber trotzdem ein sehr hohes Alter erreichen. Immerhin sind die Eier eines ihrer Gelege noch an den Fingern abzuzählen im Vergleich zu der Myriadenproduktion vieler kurzlebiger Tiere (Insekten usf.).

Betrachtet man die Sache vom Standpunkt der Zellvermehrung aus, so kommt ein merkwürdiger, scheinbarer Widerspruch zustande.

Sowohl diejenige Zelle, aus der ein großer Organismus hervorgeht, wie auch die, welche es nur zu einem winzigen Lebewesen bringt, haben grundsätzlich die gleiche Vermehrungskraft. Beide teilen sich zu je 2 Zellen. Diese können sich nun entweder trennen, jede kann für sich weiterleben und sich wieder teilen usf. (Einzeller), oder sie bleiben verbunden, teilen sich gemeinschaftlich und werden zum Zellkomplex (Vielzeller). Vorausgesetzt, daß die Zellteilungen in der Zeiteinheit gleichviel sind in beiden Fällen, entstehen auch gleichviel getrennte (selbständige) und verbundene (gegenseitig abhängige) Zellen. Im einen Fall haben wir ein zerstreutes Heer von x Einzellern vor uns, im andern Fall einen geschlossenen, höheren Organismus mit x Zellen. Während sich nun die Einzeller alle ungehindert weiterteilen und vermehren, tun dies die Zellen des Organismus nicht mehr (sie teilen sich nur zum Ersatz von zugrunde gegangenen usw.), sobald das individuelle Wachstum beendet ist. Nur eine kleine Reserve von Zellen, die Geschlechtszellen oder Vermehrungsspezialisten, haben die ursprüngliche Vermehrungsfunktion bewahrt, und von ihnen aus beginnen nun wieder die weiteren Teilungen einer Zelle (befruchtete Eizelle), während die Masse der Einzeller in ganzer Breite sich weiterteilt und keine solche Zuspitzung der Vermehrung erleidet. Je kleiner und frühreifer ein Tier ist, um so eher tritt diese Zuspitzung ein, um so eher gerät es gegenüber den Einzellern, bei denen überhaupt keine fortpflanzungsunfähige Substanz gebildet wird und vorhanden ist, ins Hintertreffen. Dagegen halten große Tiere im Zellteilungsrhythmus lange Schritt mit dem Heer der Einzeller. Je höher also im allgemeinen ein Tier (oder ein pflanzlicher Organismus) steht, um so stärker nähert es sich diesbezüglich den niedersten Formen, den Einzellern. Nach dem Ausgewachsensein ist dann allerdings mit einem Mal eine um so größere Menge Zellen „festgelegt". Ein Tier ohne Grenzen des individuellen Wachstums würde diesen Kreis der Berührung vollständig schließen. Jedenfalls würden nach dieser Überlegung die Einzeller und die größten Tiere die größten Zellmassen zu bilden imstande sein (mit dem individuellen Lebensalter nimmt natürlich die Zellmassenbildung der Art ohne Rücksicht auf diese Verhältnisse auch zu).

Dieses Ergebnis stimmt aber mit der Wirklichkeit nicht ganz überein. Infolge ökologischer und sonstiger Gründe befinden sich die Zellen innerhalb eines großen Organismus (bis zu einer gewissen Grenze) in ihrem Dasein gesicherter und geschützter, und es würde zu einer überwiegenden Zellansammlung „gleicher Art" kommen, was tatsächlich nicht zutrifft. Die Lösung des Widerspruches, der Ausgleichspunkt, liegt an der Pforte des neuen Individuums, bei den Geschlechtszellen und Fortpflanzungsverhältnissen. Der besprochene, oft unterbrochene somatische Teilungsfortgang der kleinen Mehrzeller wird zum großen Teil wiederhergestellt durch eine eminente Fortpflanzungstätigkeit, und der hemmende individuelle Ring wird an um so mehreren Stellen durchbrochen, je enger er ist. Was dem Individuum an Wachstumsmöglichkeiten entzogen wird, das wird (in vielen Eizellen) gleichsam zur nächsten, jüngeren Generation. Und die Kehrseite dieser Gegebenheit ist vielleicht auch ein Grund des Aussterbens größter Tiere: sie vergruben die Möglichkeiten des Wachstums zu lange ins Individuum, und Alter und Tod vernichteten vor Abspaltung der neuen Generation die ganze Art („Überspätreife"). Individualismus im Tierreich!

50

An dieser Stelle ist es vielleicht angebracht zu bedenken, ob denn überhaupt die Größe oder Schwere samt den anhängigen Nachteilen die Saurier untergehen ließ und ob nicht Krankheiten, Seuchen oder jene ungeklärten innerbiologischen Ursachen, die auch kleine Tierarten und Pflanzen aussterben lassen, daran schuld sind. Tatsächlich sind ja auch die wenigsten Saurier sehr groß gewesen und auch die Mehrzahl der kleinen ist ausgestorben. Immerhin ist aber zu beachten, daß die heute noch lebenden Saurierüberreste keine großen Exemplare sind und überhaupt das „Ewige" in der Natur immer an das kleine Individuum, ja an den Mikrokosmos des Keimplasmas gebunden ist. Die Kleinheit ist die stabilste Grundlage des Lebens.

Außer den schon erwähnten, an das „Unmaß" geknüpften Nachteilen und möglichen Vernichtungsursachen läßt sich auch vorstellen, daß bei einer herrschenden Tendenz zur individuellen Entfaltung, wie das bei vielen phylogenetischen Entwicklungen der Fall ist, dieser somatische „Zellimperialismus" schon fötal so sehr überhand nimmt, daß der mütterliche Organismus dem Ei oder dem Embryo nicht mehr die nötige Unterkunft gewähren, genügend Nahrung geben oder mitgeben kann u. dgl., kurz, daß er der zu rasch aufstrebenden Nachkommenschaft in irgendeinem oder in mehreren Punkten nicht mehr gewachsen ist und diese dann gar nicht mehr zustande kommt. Diese Disharmonie zwischen Mutter und Kind kann natürlich bei verschiedenen absoluten Größen eintreten, sie wird aber mit mehr Wahrscheinlichkeit dort eintreten, wo die Tendenz zum Größerwerden am stärksten ist. Es wäre dies eine allgemeine, also nicht nur auf die Saurier anwendbare Erklärungsmöglichkeit. Im Gegensatz zum „individuellen Egoismus" wäre das eher ein „Egoismus der Art", „Artselbstmord", sofern man nicht schon im Embryo das eigenlebige Individuum erblicken und von einem „embryonalen Individualismus" (im Gegensatz zu dem des Alters) sprechen will. Eigentümlich berührt es, wenn man hört, wie klein die Saurierier — trotz ihrer absoluten Riesenausmaße — eigentlich waren. Waren die Nährstoffe im Ei für den Embryo zu wenig, so mußte die neue Generation auch dann erlöschen, wenn keine Tendenz zum Überwuchern der alten vorhanden war und die „Schuld" läge wiederum an einem Mangel der alten. Allerdings sind auch die Eier des

(6 m langen) Nilkrokodils nicht größer als Gänseeier (Nähr-
stoffbedarf auch nach Reduktion auf gleiche Körpergewichte
naturgemäß sehr verschieden). Man sieht nun schon, daß
dieser Gedankengang endigt in einer Frage nach dem Verhältnis der Leistung der Muttergeneration zu den Forderungen
der Kinder. Vielleicht haben die Alten — wie das auch heute
bei Schweinen, weißen Mäusen usf. zu beobachten ist — sogar
ihre eigene Brut in einer Art Kannibalismus, der stets ein
äußeres Zeichen einer Degeneration (nicht Primitivität) ist,
verzehrt. Vielleicht auch haben die Raubsaurier bis zur voll-
ständigen Vernichtung unter den herbivoren Sauriern ge-
wütet, so daß erstere selber an Nahrungsmangel zugrunde
gingen, da sie doch nur entsprechend großer Beutetiere habhaft
werden konnten. So hätten sich die Größen wie bei einer alge-
braischen Gleichung auf beiden Seiten aufgehoben. Schließlich
ist auch die „Möglichkeit der Unmöglichkeit" oder wenigstens
der steigenden Schwierigkeiten des Begattungsaktes bei großen
und unbeholfenen Sauriern aus rein bewegungsphysiologi-
schen Gründen nicht von der Hand zu weisen.

In diesem Zusammenhang wird man sich auch fragen,
wie die Verhältnisse von Fortpflanzung und individuellem
Wachstum bei den Pflanzen stehen. Darauf ist zu antworten,
daß sie grundsätzlich mit dem für die Tiere geltenden und ge-
schilderten übereinstimmen und daß wir bei den Pflanzen fast
noch deutlichere Belege vorfinden dafür, daß das vegetative
Wachstum in einem geregelten Verhältnis steht zur geschlecht-
lichen Fortpflanzung. Es gibt freilich Pflanzen, die sehr alt
und groß werden (Bäume) und trotzdem eine Fülle von
Früchten produzieren. Dem steht aber gegenüber das Produkt:
Samenmenge mal Aussicht = konstant, d. h. je geringer die
Möglichkeiten und Aussichten auf Keimen und Werden eines
neuen Pflanzenindividuums sind, um so größer muß die Menge
der in die Welt gestreuten Samen sein und umgekehrt. Ähnliches finden wir ja auch bei den Tieren vor: die ungeheure Zahl
der Samen- und Eizellen bei großen und kleinen Tieren und
die geringe Zahl der Embryonen und Geburten bei den großen
Tieren. Die großen Pflanzen unterscheiden sich diesbezüglich
von den großen (langlebigen) Tieren nur dadurch, daß auch die
befruchteten Eizellen an der großen Zahl teilhaben, obwohl

52

Anklänge davon auch bei diesen Tieren stattfinden (Schildkröten). Um die ganze Frage richtig zu erfassen, darf man also
bei den Pflanzen nicht auf die Zahl der Früchte gehen, ebensowenig wir die Zahl der Sperma- und Eizellen der Tiere berücksichtigt haben, sondern man muß lediglich die wirklich „gebo-
renen“ und gediehenen Pflanzen in Rechnung stellen. Damit
ist der hier störende Faktor der Samenbildung der Pflanzen
aus dem Gedankengang genommen und man kann die allgemeine Behauptung aufstellen, daß Pflanzen sich um so spärlicher fortpflanzen, je älter und größer sie werden. Das stimmt
auch mit dem Eindruck überein, den man ganz ohne nähere
Überlegung gewinnt. Weiter aber muß man folgende Tat-
sachen vermerken: Bei den monokarpischen Pflanzen fällt die
Samenreife mit dem Absterben der Mutterpflanze zusammen.
Typische Beispiele hierfür sind die meisten Gräser, zu denen
ja auch die Getreidepflanzen gehören. Für die polykarpischen
(Perennen) Gewächse dagegen gibt es überhaupt keine damit
vergleichbare innere Todesursache, und sie müssen sich großenteils nur fortpflanzen, um ihre Art gegen äußere Einflüsse
zu behaupten und zum Zwecke der Vermehrung (hier tritt
ein deutlicher Unterschied zwischen den Begriffen „Fortpflanzung“ und „Vermehrung“ auf). Tatsächlich gibt es eine Menge
interessanter Beispiele von uralten, jetzt noch lebenden Baum-
riesen. Aber auch kleinere, langlebige Pflanzen (Kakteen,
Agaven) gehören hierher. Sie alle lassen sich entweder Zeit
mit dem Blühen oder sind sonstwie in ihrer Fortpflanzung
gehemmt. Jedenfalls halten sie hinsichtlich der Zellvermehrung
(im Rahmen unseres Vergleichs und bei Annahme gleicher
Zellteilungstempi) mit den Einzellern (Pflanzen oder Tiere)
sehr lange Schritt. Endlich ist die, vielen Pflanzen eigene, vegetative Vermehrung (ungeschlechtliche Fortpflanzung) noch her-
anzuziehen. Das bekannteste Beispiel dazu gibt die Kartoffel,
deren Früchte in unseren Klimazonen nicht zur Ausreifung ge-
langen. Ein „Kartoffelindividuum“ ist eigentlich nicht vorstellbar, denn es fehlt im Vermehrungsgang die Differenzierung
„Mutter und Kind“ u. a. Die Kartoffelpflanze ist dem Wesen
nach ein zeitloses Gewächs, genau so wie ein Bakterium. Die
vegetative Vermehrung, gleichgültig ob es sich um große, kleine
oder kleinste Pflanzen handelt, ist ewiges, gleichförmiges Wachs-

tum im Sinne der Einzeller. Daß alte realiter immer wieder absterben, tut der „Idee" dieses Vorganges keinen Abbruch. Daß im übrigen die Ausmaße einer Pflanze parallel gehen mit der erreichbaren Höhe des Alters, ist wie bei den Tieren nur bedingt der Fall. Eine unbeantwortbare Frage wird bleiben, ob wir bei manchen Tieren einen Individualismus der Pflanzen als eine Ursache des Aussterbens gewisser Formen annehmen dürfen. Leider ist m. W. auch nichts bekannt über das individuelle Lebensalter der großen Saurier.

Erde, Statik und Pflanzendimensionen.

Der Weg des Lebens führte vom Wasser auf und in die Erde und von der Erde in die Luft. Und wie nur bestimmten Größen von tierischen Lebewesen das „Leben auf Erden" und in der Luft möglich ist, so ist die Grenze der noch möglichen Größe für Tiere in der Erde ebenso bestimmt gezogen, wie ein kurzer Überblick sofort erkennen läßt. Die Gründe hierfür zu finden fällt nicht schwer.

In der Erde zu leben heißt, die Erde mit einer gewissen Geschwindigkeit und Ausdauer durchwühlen und durchbohren können, durch die Erde dringen wie die Fische durch das Wasser und wie die Landtiere durch ihr Medium, kurz, die Erde nach allen Richtungen durchqueren wie die Vögel die Luft. Es handelt sich also scheinbar wiederum um „übermenschliche" Leistungen, die da der Maulwurf, der Regenwurm, das ganze Edaphon vollbringen. Aber auch sie besitzen keine besonderen Kraftapparate zu ihrer Grabarbeit, wenn sie auch zum Teil (besonders die größeren) mit besonderen Vorrichtungen und einem geeigneten Körperbau dazu — analog z. B. den Lauf- und Flugtieren — ausgerüstet sind. Die Beine und Arme — bei den „Überlandtieren" zum Laufen und Klettern oder als Flügel ausgebildet — fehlen entweder oder sie sind zu Grabschaufeln geformt oder aber auch sie bleiben Beine und Flügel bei Tieren, deren Größe und Körperkonstruktion sozusagen Universalfähigkeiten gewährleisten, wie das bei den Insekten vielfach zutrifft.

54

Jeder Boden hat eine bestimmte Struktur, und jeder lebengewährende Boden besitzt kleine Hohlräume, Klüfte, Spalten, Gänge. Vielen Bodenbewohnern, die eine gewisse Größe nicht überschreiten, bietet die Erde somit überhaupt keinen Widerstand und sie eilen durch sie wie der Mensch in seinen Tunnels durch die Berge. Die größeren Tiere aber arbeiten noch mit den schon besprochenen Vorteilen der geringen Muskelmasse; dazu kommen noch die im Verhältnis steigende Widerstandskraft und andere bereits aufgeführte Vorteile der „Kleinheit".

Was nun die Durchdringung der Erdkruste weiterhin anlangt, so ist besonders der Pflanzen zu gedenken, die mit ihren Wurzeln und anderen Organen (Myzelien, Algen) den Erdtieren durch Sprengung und Lockerung Vorarbeit leisten. Das Eigentümliche an der Pflanze — soweit sie sich deutlich vom Stamm der Tiere unterscheidet und das Wasser phylogenetisch verlassen hat — gegenüber dem Tier ist u. a. ihre lokale Gebundenheit, die mitbedingt, daß die Pflanze gewissermaßen nicht auf der Erde, sondern in und über ihr und zugleich auch in der Luft lebt. Das kommt zum Ausdruck sowohl im Habitus der Pflanze als Grab-, Trag- und Flugorganismus (Wurzeln; Blätter, Halme usw. wie „fliegende Fahnen", aber auch Schweben im Wasser: Seerose) wie auch in der Tatsache, daß die Pflanzensamen mit — allerdings passiven — Flug- oder Bohreinrichtungen versehen sind, aber nie mit Laufapparaten zur Fortbewegung auf der Erde; diese besorgen bekanntlich die Tiere, selten (Klette), daß die Pflanze dabei (niemals nennenswerte) Kräfte borgt, denn die fragliche Frucht enthält zumeist Nährstoffe für das den Transport besorgende Tier. Es liegt ein tiefer — wohl mehr als rein biologischer oder teleologischer — Sinn in dem Tun und Prinzip der Pflanze, vom Tiere keine Kräfte (die ja alle von der Pflanze stammen) zurückzufordern, es für aufgelistete Dienste reichlich zu entschädigen (vgl. auch Insekten: Blütenbestäubung) und die eigenen Bedürfnisse an Energie und Stoff nahezu ausschließlich aus der anorganischen Welt zu decken (die wenigen, als Ausnahmen zu betrachtenden Insektivoren sind auch vorwiegend assimilatorisch tätig im Sinne der „reinen" Pflanzen). Vielfach bedient sich ja auch die Pflanze zu ihrer Verbreitung des Windes oder des Wassers.

Ferner finden wir nicht, daß die Pflanze die aktiven Bewegungsarten des Tieres nachahmt. Auch das Einbohren der Pflanzen-
wurzeln in das Erdreich ist keine Bewegung, die der tierischen
Grabarbeit mechanisch-physiologisch vergleichbar wäre, sondern
es ist Wachstum. Wachstumskraft (auch chemische) und -druck.

Alle aktiven, wesentlichen Bewegungen der höheren Pflanzen sind Wachstumsbewegungen (Tropismen) und ihre
Bewegungsleistungen sind Zellteilungsleistungen. Insoferne
begegnen wir hier nicht in dem Maße wie bei den Tieren jener
Problematik zwischen groß und klein, scheinbarer Mehrleistun-
gen usw. (Muskel). Dazu verlaufen die Bewegungen von
Pflanzenteilen naturgemäß äußerst langsam (die raschen, nasti-
schen, reflexartigen Bewegungen mancher Ausnahmen — Mi-
mosa pudica, Springkraut, Insektivoren usw. —, ferner
Schlafstellungen, Turgorschwankungen, hypothetischer Herz-
schlag oder andere Pulsationen von Gefäßpflanzen ändern am
Wesentlichen nichts). Bewegung ist eigentlich hier ein falscher
Ausdruck, denn Wachtumsbewegung ist den Tieren in ähnlicher
Weise eigen, aber bei ihnen spricht man beim gleichen Vorgang
nicht von einer Bewegung, sondern man reiht ihn dem allgemeinen Wachstum ein. Dieses Wachstum der Tiere, die Ge-
staltbildung ist viel strenger geordnet und enger begrenzt nach
absoluten Ausmaßen und Proportionen, während die Pflanze
individuell viel mehr Wachstums- und Entfaltungsspielraum
und Möglichkeiten besitzt zum Ausgleich für ihre tatsächlich
vollständige Bewegungsunfähigkeit. Als vorwiegend assimi-
lierender und speichernder Organismus und im Dienste der
tierischen Dynamik stehend, hätte die Pflanze auch nicht die
Energiemenge zur Verfügung, die zu wirklichen Bewegungen
nötig wäre; ihre Dynamik liegt im Wachstum, welches das
Tier transformiert (Dissimilation).

Nur bei niederen, kleinen Pflanzenformen, die an keinen
Standort gebunden sind und sich in flüssigen Medien befinden, die, wie bereits erwähnt, viel Kräfte zur Fortbewegung
überflüssig machen, können wir aktive Bewegungen feststellen.
Also Kleinheit und flüssiger Lebensraum (hauptsächlich Wasser)
ermöglichen aktive Bewegungen von Pflanzen. Zu ihnen zäh-
len gewisse Bakterien, Algen, die Schwärmsporen mancher Algen und Pilze und schließlich die Geschlechtszellen (Spermato-

zoiden) vieler Kryptogamen (Farne, Bärlappgewächse, Schachtelhalme). Eine eigenartige Ausnahme machen die Myxomyzeten (Schleimpilze), die feste Substrate bewohnen und deren Vegetationskörper (Plasmodium) sich nach Art der (dem Tiersystem angehörigen!) im Wasser lebenden Amöben auf fester Unterlage kriechend und unter Pseudopodienbildung fortbewegt (Myxamöben). Aber es handelt sich bei ihnen ausschließlich um Parasiten (Plasmodiophora brassicae = Erreger der Kohlhernie) oder Saprophyten, sofern sie überhaupt als „Phyten", Pflanzen bezeichnet zu werden verdienen. Jedenfalls sind alle diese Bewegungen als freie Ortsbewegungen aufzufassen, wenn sie auch ganz dem Einfluß der Umgebung unterstellt sind (Taxien). Sie sprechen aber nicht gegen unsere Auffassung vom Wesen der reinen Pflanze gegenüber dem Tier. Bemerkenswert ist auch die Erscheinung, daß sich bei geschlechtlicher Vermehrung und oogamer Befruchtung von Pflanzen (und der Tiere) stets die kleineren, männlichen Geschlechtszellen (Planogameten) aktiv bewegen, während die größeren, weiblichen (Aplanogameten, Oosphaere = Ei) sich passiv verhalten; das stimmt mit allem bisher Besprochenen überein. —

Im übrigen lassen sich, was die Widerstandskraft der Gewebe u. dgl. betrifft, die entsprechenden vorausgehenden Sätze über die Tiere in großen Zügen auch bei den Pflanzen anwenden. Dasselbe gilt von den statischen Verhältnissen in der Luft (Flugsamen).

Die Pflanze repräsentiert mehr und wesentlicher als das Tier (mit seiner nach außen gerichteten Dynamik) die Statik des Lebens. Sie sammelt Kraft nach innen, indem sie sich nach außen entfaltet; das Tier gibt Kraft nach außen mit Hilfe innerer Entfaltung (Oberflächenentwicklung der Organe). Die Pflanze bedarf daher umfangreicher Trag- und Stützgerüste, statischer Organe (Sklerenchym) für die zur Assimilation gebildeten Organe (Parenchym), die grünen Segel und Fahnen. Und ähnlich wie bei den Tieren die Muskelleistungen mit abnehmender Größe (Körpergewicht) scheinbar relativ zunehmen, so begegnen wir bei den Pflanzen dem gleichen Anschein auf statischem Gebiete und messen zugleich die architektonischen Gebilde der Pflanzen an menschlichen Bauwerken, wobei letztere bekanntlich in der Wertschätzung zu kurz kommen (eigentümlicher-

weise existieren landläufige analoge Vergleiche zwischen der
Dynamik der Tiere und derjenigen von Maschinen anscheinend nicht, wohl aber derjenigen des Menschen — wie ausgeführt). Es wird vielfach behauptet, daß die großen Bäume
und die Bauten der Menschen im Verhältnis zu ihren dimen-
sionalen, statischen Leistungen (Höhe, Bogenspanne, Ge-
wölbeausmaße u. dgl.) eine ungeheure Materialanhäufung
(z. B. Dicke im Verhältnis zur Höhe) und -vergeudung vor-
stellten. Angenommen, es wäre so, dann gäbe es hierfür zwei
Erklärungsgründe bzw. Fehlerquellen: entweder das Material
ist schlechter, so daß daran nicht gespart werden kann, oder es
liegt am Können des Baumeisters. Beides wäre bei den
menschlichen Werken leicht denkbar, aber bei den natürlichen
nicht, es sei denn, daß es die Natur nicht lediglich auf die
Erreichung bestimmter architektonischer Ziele, sondern auch auf
die Speicherung gewisser Stoffe in den zugleich als Säule,
Mast od. dgl. dienenden Teilen abgesehen hat. Doch ist es
uns um Einzelheiten nicht zu tun. Wir wissen, daß der Pflanze
im wesentlichen einheitliches Baumaterial zur Verfügung steht
(Zellulose), ebenso wie das „absolute" Können. Dem Menschen, der mit seiner dynamischen Technik die Tierwelt über-
holt hat, wird es auch an statischer Leistungsfähigkeit nicht ge-
brechen. So bliebe vorläufig beim Menschen nur noch ein
Mangel an gutem Material als fraglicher Punkt übrig. Das
kann schon aus dem Grunde nicht zutreffen, weil er ja nötigen-
falls das Pflanzenbaumaterial selbst (Holz, Stroh, Bast usw.)
verwerten und verwenden kann (daß es tot ist, ist nicht ausschlaggebend, da es schon in der lebenden Pflanze großenteils
als lebloses Material dient). Somit fallen mutmaßlich alle
Gründe für eine höhere Leistungsfähigkeit der kleinen Pflanzen
gegenüber den großen und schließlich der Pflanzen überhaupt
gegenüber dem Menschen auf statischem Gebiete fort. Dabei
ist zu berücksichtigen, daß die Sprache stets einen Fehler begeht,
wenn von Leistungen der Pflanzen und des Menschen die
Rede ist; die Pflanze baut sich (auch der Mensch als Organismus), aber der Mensch baut — im Vergleichsobjekt: Pflanze
und Bau, gesehen — über sich hinaus, wenn auch vielleicht
die menschliche Tätigkeit als transformierte Naturkraft angesehen werden kann (oder, was unserer realistischen Betrachtung

58

als solcher keinen Abbruch tut, die Naturkraft = projizierte Idee des Menschen). Es ist überhaupt immer mißlich, irgend etwas an der Natur zu bewundern oder in ein bestimmtes Licht zu setzen, wenn man — und das wird stets der Fall sein — über die Qualitäten und das Wesen unseres Anschauungsvermögens, über das „Ich" und den absoluten Maßstab nicht im klaren ist. Wenn das Ichbewußtsein und die Urteilskraft auch nur eine („außenpolitische") Funktion des Zellstaates wären, so müßten wir unsere Bewunderungsaktionen, ausgelöst durch „Wunder in der Natur", doch stets am meisten bewundern. Das „Bescheidensein" der subjektiven Seite des Menschen vor den Objekten ist keineswegs gerechtfertigt. . . .

Ohne auf mathematische Formulierungen einzugehen, können wir uns die statischen Leistungen von Pflanze und Mensch in ihren grundsätzlichen Verhältnissen an einfachen Beispielen vergegenwärtigen.

Wir stehen an einem Flusse und wollen seine beiden Ufer mit einem Balken oder einer Eisenschiene (Materialkonstante!) gangbar verbinden. Zweifellos muß der Balken oder das Eisen einen bestimmten Mindestdurchmesser besitzen, um sich selbst oder noch dazu, in der Mitte etwa, eine Last tragen zu können. Zur Überbrückung eines Baches und zum Tragen einer Maus reicht schließlich ein dünner Draht oder eine schlanke Gerte aus. Worauf es nun ankommt ist die Beantwortung der Frage: Welches sind die wirksamen und nutzbaren Dimensionen und in welchem Verhältnis stehen diese zur Masse (Gewicht) des Brückenmaterials und zu den anderen, nicht beanspruchten, sondern beanspruchenden Dimensionen bei verschiedenen Größenordnungen.

Wir nehmen nun an, daß die Ufer auseinanderrücken und der Balken größer wird, ohne daß sich die Proportion seiner drei Dimensionen ändert. Die Folge ist, daß die relative Tragkraft des Balkens, trotz steigender absoluter, sinkt, da die „Nutzdimension", der Querschnitt in Nachtrab kommt gegenüber der Mehrbeanspruchung. Soll die Tragkraft des Balkens im Verhältnis zu seiner Größe gleichbleiben, so kann bei Größenveränderungen die dimensionale Proportion nicht aufrechterhalten bleiben. Je gewichtiger der Balken, um so dicker und kürzer muß er werden: statische Verplumpung.

Kommt nun zu dem Balken (gleichförmig verteilte Last) eine Sonderlast, so wird die Verplumpung natürlich beschleunigt.

Ähnlich wie es sich mit einer derartigen Brücke verhält, ist es auch bei irgendeiner anderen baulichen Horizontalkonstruktion des Menschen (der durch „Hochkant" u. dgl. diese Nachteile m. o. w. abmildern kann) oder der Pflanze (Äste, Zweige, Frucht als Last — oft sehr groß, so daß nicht selbst, sondern von Boden getragen: Gurke, Kürbis — usw.), wenn auch oft nur ein Stütz- oder Haftpunkt vorhanden ist und das andere Ende frei getragen wird.

Auch bei den (besonders großen: Pferd, Rind usw.) Vierfüßern spricht man von einer Brücke; die Wirbelsäule ist der Brückenbogen und die Extremitäten sind die Pfeiler. Im Schultergürtel hängt die Brücke beweglich, mit dem Beckengürtel ist sie straff, aber auch in Hängelage verbunden. Diese Brücke wird allerdings von unten (ventral) belastet, besitzt eine Ober- und Unterkonstruktion (Dornfortsätze, Brustkorb, elastische Bauchhaut, Bänder, Muskeln usw.) und ist außerdem zur Fortbewegung ausgebildet. Sie stellt also zugleich eine (komplizierte) statische und dynamische Brücke dar. Als Grundmaterial dienen Knochen, deren Form ausschlaggebend ist sowohl für den statischen Aufbau als auch für die Bewegungsart des betreffenden Tieres. Jeder Einzelknochen ist aber selbst schon ein Gebilde, das sich den architektonischen und kinetischen Forderungen in seiner makroskopischen und mikroskopischen Struktur, den beanspruchenden Kräften angepaßt hat, das auch vielfach mit menschlichen Konstruktionen verglichen wird. Zugegeben, daß ein Knochen tatsächlich ein Wunderwerk ist, so darf man anderseits doch nicht vergessen, daß dieses einer ganz anderen absoluten Größenordnung angehört als die menschlichen Vergleichsobjekte. Daß im übrigen die dynamischen Beanspruchungen der Knochen (durch die Muskeln) größer sind als die statischen, geht aus der Tatsache hervor, daß die muskelfreien, unteren (distalen) Knochen (Metacarpus, Metatarsus, Phalangen, besonders typisch bei Einhufern), die das größte Gewicht zu tragen haben und hauptsächlich als Stütze dienen, am dünnsten und kleinsten sind. Bei den Pflanzen wäre eine derartige, regelrechte Verdickung von unten nach oben nicht denkbar, da sie der statischen Ästhetik widersprechen würde.

60

Schon die Wirbelbrücke unserer Haustiere zeigt oft schwache Punkte (Pferd: Lendenwirbelsäule!). Wie wird es erst bei den Riesensauriern gewesen sein! Sie standen auch auf 4 Beinen.

Wesentlich bei einer Wirbelbrücke ist vor allem ihre absolute Länge und die Verteilung der Last auf ihre einzelnen Abschnitte, die je nach Tierart nicht gleich stabil sind. Da ist nun interessant, daß die Riesensaurier nicht wie unsere Haustiere und überhaupt die jetzt lebenden, hohen Vierbeiner ihre Wirbelbrücke an den beiden Enden stützten, sondern diese Brücke verkürzten, indem sozusagen der Beckenring nach vorne (kranial) geschoben und der große (kaudale) Rest der Wirbelsäule als 5. Extremität benützt wurde. Der Schwanz der Saurier ist also eigentlich kein „Schwanz" wie jene Kümmerorgane unserer Säuger, sondern großenteils eine vollwertige Wirbelsäule (und Wirbelkanal) mit einer statischen Sonderfunktion (vielleicht auch dynamischen: Nachschub. Bei unseren Pferden wünscht man zumeist eine stärkere Kreuzbeinpartie, d. h. Verkürzung der Brücke!). Ein großer Saurier, der seine Wirbelsäule nicht verkürzt hätte, würde nicht in der Lage gewesen sein, sich auf 4 Beinen zu halten, sondern er müßte den Leib als Stütze herangezogen haben und zum Kriechtier geworden sein, das zu Lande zu Bewegungsunfähigkeit verdammt gewesen wäre. Das Sauriertum ist ein vergeblicher, verlorengegangener Kampf gegen das „Kriechertum"! Denn die Verkürzung der Brücke war nicht über ein gewisses Maß durchzuführen und war auch kein Mittel gegen alle Nachteile des steigenden Riesenwuchses. Dieser Kampf ging sogar soweit, daß die niederzwingende Brücke nach Menschenart zu umgehen versucht wurde: aufrechtgehende Saurier; an Stelle der Horizontalkonstruktion tritt die Vertikalkonstruktion. Erst bei außerordentlichen absoluten Größen erlangen ein solcher Kampf und derartige Versuche entscheidende Bedeutung für Leben und Tod und sie muten dabei auch tragisch an. Darin liegt auch der Sinn der gefühlsmäßigen Unterscheidung der ehemaligen Saurier von den heutigen (Reptilien), die nur noch die Trümmer eines Kampffeldes sowie den Untergang einer Idee markieren: Zigeuner der Tierwelt.

Ein anderes Beispiel in der Statik ist der Säulentyp: Die Tragfähigkeit einer Säule hängt — außer von der Mate-

rialkonstanten — ebenfalls von ihrem Querschnitt ab. Die
weiteren Folgerungen sind die gleichen wie bei unserem Brücken-
beispiel. Kleine Pflanzen können daher schlank und zierlich
gebaut sein, große Pflanzen, d. h. ihre Stämme dagegen nur
relativ kurz und dick.

Es kommt aber noch das zweite Moment hinzu, nämlich
die Tatsache, daß mit zunehmender Größe auch die Äste verhältnismäßig massiger sein müssen. Und ähnlich wie die Summe
der Querschnitte von Blutgefäßen eines Tieres größer ist als
der Querschnitt des Gefäßes,
von dem sie abzweigen, so
ist auch die summierte Querschnittsfläche der Äste eines
Baumes zumeist größer als
die des Stammes (Abb. 16).
Da sich dieses Prinzip bis in
die letzten Zweige fortsetzt,
gilt dieser Satz nicht bloß für
den Ursprung der sich ver-
jüngenden Äste. Die Mate-
rialanhäufung und Gefäß-
führung gestattet den großen
Ästen auf kurze Strecken keine
große Biegsamkeit und Elastizität, keine ausgesproche-
nen Rohr- und Schmalkon-
struktionen (als Windschneide.
Schilf); auch kommen die Vor-

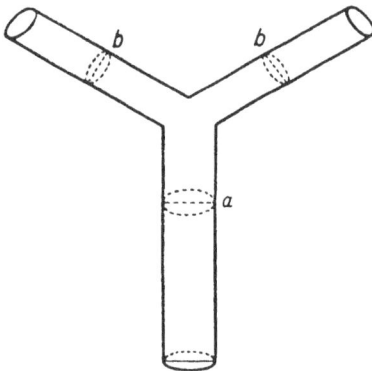

Abb. 16. Schema eines Baumstammes
mit Ästen.

a = Querschnitt des Stammes.
b = Querschnitt der Äste.
a < Summe b.

teile des Durchhangs (Kettenlinie), die der Mensch im modernen
Brückenbau anwendet (Drahtseile als Träger), nicht in Frage.
Außerdem trifft für Pflanzen die Regel, daß mit zunehmender
Größe die Oberfläche relativ sinkt, insoferne nicht zu, als bei ihnen
eine entsprechende Blattvermehrung statthat; die Pflanze muß
ja nach Oberflächenentwicklung streben, es darf sich das Verhältnis zwischen Oberfläche und Masse nie zugunsten der letzteren ändern. Dadurch steigt auch mit zunehmender Größe
die Windangriffsfläche. Freilich hat die Natur auch hier verschiedene, abmildernde Kniffe zur Verfügung. So zerschlitzen
z. B. die riesigen Bananenblätter durch den Wind vom Rande

62

her senkrecht zum Stiel an vielen Stellen und die Palmen-
blätter verdanken ihre eigenartige Form dem Absterben bestimmter Blattpartien, so daß nun der Wind zwischendurch und
die schmalen Blatteile ausweichen können. Im übrigen besitzen ja die meisten Pflanzen, ob groß oder klein, ein feinauf-
geteiltes Blattwerk; gerade die größten Pflanzen (Bäume) sind
vielfach mit absolut und relativ kleinen Blättern ausgerüstet.
Bei Wasserpflanzen, die der Strömung ausgesetzt sind, treffen
wir ähnliche, noch ausgeprägtere Einrichtungen an: haarfein
ausgezogene Blätter, fensterartige Öffnungen (Gitterblätter)
oder sonstwie durchlöcherte Blätter. Dabei kommt es vor, daß
diejenigen Blätter einer Wasserpflanze, die in der Luft sind,
eine ganz „normale" Form besitzen (Wasser- und Luftblätter),
was den Unterschied der statischen Verhältnisse im Wasser und
in der Luft deutlich veranschaulicht. In Anpassung an die
Hydrostatik neigen die passiven Lebewesen, die Pflanzen zur
schlanken Linie hin, während die aktiven, dynamischen Lebewesen, die Tiere gegenüber den Lufttieren zur Verplumpung
tendieren; die Pflanzen müssen die äußere Oberfläche bewahren, die Tiere können sie gefahrlos verringern, mit Vorteil
Masse anhäufen und äußeren Angriffen auf diese Art ausweichen.

Größe und Gewicht der Früchte sind ebenfalls nicht ohne
Einfluß auf die Konstruktion der ganzen Pflanze. Beim
Stützen der schwerbeladenen Obstbäume gewinnt das praktische
Bedeutung. Ein Miniaturapfelbaum, mit etwa 1 m Höhe,
würde auch bei relativ reichstem und schwerstem Fruchtbehang
und weitausladenden Ästen keiner Aststütze bedürfen. Eine
bestimmte Beziehung zwischen Fruchtgröße und der Größe
einer ganzen Pflanze besteht bekanntlich nicht: Eiche, Kürbis,
Kokos usw.

Als drittes und letztes Beispiel unserer Pflanzenstatik sei
an die Verhältnisse eines Drahtes erinnert: Für die Zerreißfestigkeit ist ebenfalls der Querschnitt maßgebend; Mehrbela-
stung erfordert entsprechend mehr Querschnitt. Je länger ein
Draht aber ist, desto mehr absolutes und relatives Eigengewicht
trifft bei unveränderter dimensionaler Proportion auf seinen
Querschnitt, abgesehen von Sonderlasten. Viele Pflanzenteile
sind auf Zug, Zerrung u. dgl. eingestellt; hier kommt die dem

Draht eigene Beanspruchbarkeit in Frage. Mit steigender Pflanzengröße steigen alle Querschnitte absolut und relativ und mit ihnen die Sonderlasten gleichermaßen (Stamm — Wurzelzug). Das gilt hauptsächlich für die „Ankerfunktion" der Wurzeln. Aber es ist auch bekannt, daß gewisse Wurzeln und Wurzelteile sich später noch verkürzen, dadurch eine erhöhte Spannung erfahren und oft andere Pflanzenteile (Knollen, Zwiebel) tiefer ins Erdreich ziehen. Allerdings können in manchen Fällen die Wurzeln auch entgegengesetzt wirken, wie das bei den Stelzwurzeln der sog. Mangroveformation der Fall ist. Diese Wurzeln entspringen oben, allseitig am Stamm (Adventivwurzeln), wachsen dem Boden bogenförmig entgegen und halten auf diese Weise den schwachentwickelten Stamm aufrecht. Ein Mittelding zwischen Zug- und Stelzwurzeln sind die Stütz- oder Luftwurzeln, auch wie die Stelzwurzeln tropischen Bäumen angehörig. Sie wachsen senkrecht von Stamm und Ästen herunter und in den Boden. Durch Verkürzung spannen sie sich und durch nachträgliches Dickenwachstum werden sie zu Stützpfeilern. Für Pflanzen unter einer gewissen absoluten Größe wären derartige Hilfseinrichtungen auch bei gleichem Habitus der eigentlichen Pflanze überflüssig; sie kommen dann auch in der Natur nicht vor. Ähnlich wie die Wurzeln, so ist der früchtetragende Stengel und, bei Pflanzen, die strömende Gewässer bewohnen, auch der Sproß auf Zug beansprucht. Sie besitzen deshalb ein zentrales oder axiales Festigungsgewebe (mechanisches Gewebe oder System) im Gegensatz zu dem peripheren (Biegung) der sonstigen oberirdischen Pflanzenteile größerer Pflanzen. Kleine und junge Pflanzen und Pflanzenteile besitzen überhaupt kein besonderes „Gerippe", sondern werden gespannt und gehalten vom Saftdruck der lebenden Zelle (Turgor) und sind deshalb auch der Erschlaffung bei Wassermangel ausgesetzt (Welken). Der Saftdruck steigt natürlich nicht mit der Größe der Pflanze (Zelle!).

Es ist nun zu verstehen, daß Pflanzen und Pflanzenteile um so zierlicher und zarter dem Auge erscheinen können, je kleinwüchsiger sie sind. Modelle, die kleiner oder größer gehalten sind als ihre natürlichen Vorlagen, sind, statisch (bei Tieren besonders auch dynamisch) gesehen, nicht zu rechtfertigen.

Selbstverständlich spielt auch die artspezifische Konstruktion eine bestimmende Rolle, aber die angedeuteten großen, absoluten Zwangsnormen können nicht durchbrochen werden. Das Kleine kann beliebig plump gebaut sein, aber nichts kann einen gewissen Feinheitsgrad, eine bestimmte Schlankheit unterschreiten. Absolute Größe und Proportionen bedingen einander in diesem Sinne. Nicht das Baumaterial, das ziemlich einheitlich zur Verfügung steht, sondern das mechanische Gesetz gibt in allem den Ausschlag und läßt uns im Grashalm eine wunderbare Konstruktion, eine Mehrleistung gegenüber größeren Pflanzen (Baum), ein Mehrkönnen der Natur im Einzelfall annehmen. Steigt man gar hinab ins „Märchenland" des Mikrokosmos und hebt ihn auf optischem Wege auf die Basis des Makrokosmos, so verfällt man einer noch größeren Täuschung und glaubt etwa in einem „Pilzwald" etwas Außerordentliches zu erblicken. Es wäre aber nur dann außerordentlich, wenn seine Proportionen zusammen mit den vorgetäuschten absoluten Ausmaßen wirklich existierten und die Vergrößerung, in die ihn obendrein noch unsere Phantasie erhebt, macht aus ihm einen Märchenwald. Ein richtiges Gefühl, eine unbewußte Vorstellung von der Unmöglichkeit derartiger Realisationen hat aber der Mensch doch dabei, insoferne er nämlich sofort von „wunderbar" und „märchenhaft" spricht und ahnt, daß er eine unmögliche, verzauberte Welt vor sich hat. Das Mikroskop und der nichtoptische Vergrößerungsapparat des Menschen, die Phantasie, sind die größten Verfälscher der Natur, so sehr sie auf der anderen Seite und richtig angewendet der Wissenschaft und Kunst ewige Werte vermittelt haben und vermitteln werden.

Übrigens finden wir an den einzelnen Organen und Geweben einer großen Pflanze ähnliche Feinheiten und Kunstformen, obwohl die Gesamtpflanze vielleicht plump erscheint. Und der universelle Baustein ist überall die Zelle, die letzte biologische Einheit und Feinheit mit all ihren inneren Strukturfeinheiten, ohne Unterschied der Pflanzengröße, wenigstens solang sie lebt und nicht als totes Baumaterial ihr Schicksal beschließt. Erst die Anhäufung von Zellen als Ganzes betrachtet ändert das Bild: sie wirkt sich statisch unvorteilhaft aus.

Heu oder Stroh mit der Gabel von einem Menschen hierher oder dorthin geschafft: das ist ein alltäglicher Vorgang.

Ebenso, daß diese gedörrten Pflanzen ein weiches Lager für das große Tier (für das kleine gibt es kein hartes!) bilden. Nun stelle man sich aber vor, die einzelnen Strohhalme würden wachsen, und zwar proportional, so lange, bis sie etwa die Dicke von Baumstämmen, natürlich aber eine größere Länge erreicht hätten. Wie würden sich derartige Ungetüme von Strohhalmen verhalten bezüglich Biegsamkeit, Elastizität u. dgl.? Würden sie zusammen einen Haufen bilden, der nur verhältnismäßig größer ist als der von realen Halmen, mit entsprechend größeren Lücken, und würde ein derartiger „Strohhaufen" von einem entsprechend großen Menschenriesen mit einer entsprechenden Heugabel befördert werden können? Natürlich nicht. Sowohl Statik wie Dynamik der gedachten Situation würden sich auch relativ ganz ungemein gegenüber der wirklichen verändern. Das läßt sich im einzelnen leicht ausmalen. Wie würde die Ernte eines derart vergrößerten Getreidefeldes aussehen! Die Menschen dazu könnten gar nicht aufrecht stehen, geschweige denn eine Sense führen und die Mähmaschinen und anderen Riesenapparate wären von vorneherein zur Bewegungslosigkeit verdammt usw.

Kehren wir weiterhin zu dem Vergleich zwischen menschlicher und pflanzlicher Bauleistung zurück, so werden wir keine Schwierigkeiten mehr haben, dem menschlichen Baumeister ähnliche Leistungen zuzugestehen. Einen schlanken Turm von der absoluten Größe und den Proportionen einer Binse mit gleichen statischen Widerstandskräften zu bauen, würde dem Menschen ohne weiteres gelingen; freilich müßte er eine andere Konstruktion und Struktur, ein anderes Baumaterial in Anwendung bringen und könnte dem Ding keine plasmatischen Funktionen einhauchen, aber letzteres steht ja nicht in Rede. Schon aus sinnestechnischen Gründen (Auge, Tastsinn: Empfindungsgrößen!) gelänge es dem Menschen nicht, die organische Mikrowelt statisch nachzubilden mit Hilfe der anorganischen Grundstoffe. Daß auch in der Baugröße und -form das absolute Maß herrscht, liegt (wie in der Kräftewelt) letzlich an dem Verhalten der geometrischen bzw. stereometrischen Proportionen zu denen der Widerstandskräfte des Materials.

Die Ursache der Geburt des Ingenieurs ist der Wunsch und Wille des Menschen, die natürliche Größen- und Kräfteordnung zu überbieten. In dem Breitenunterschied eines Flusses und Baches liegt mehr als eine Meterdifferenz und eine Brücke ist nicht = ein großer Steg! Ist es schließlich nicht eigenartig, daß eine große Porzellankugel, aus geringer Höhe fallend, bricht, eine kleine aus großer aber nicht! Und daß den riesigen Elefanten die Feuerwehr aus dem relativ kleinen Graben heben muß, in welchen er gefallen, während eine Maus oder ein Käfer dem gleichen, für sie ungeheuren Graben, spielend enteilen!

Größe, Bauplan und Leistung der Tiere, besonders der Arthropoden.

Im Wasser ist alles anders als zu Lande. Wasserpflanzen und Wassertiere (Wale, Tange) dürfen und können sich hinsichtlich Statik nach Größe und Form fast unbegrenzt verhalten (soweit die Ufer ihres Mediums und die Strömungsverhältnisse es zulassen, s. o.), da der Auftrieb so groß ist, daß sie völlig getragen, d. h. an jedem Punkt ihres Körpers gestützt werden von einer genügend starken „Wassersäule" (vergleiche auch Wasser- und Landfahrzeuge). Tange sind riesige Algen; besonders einige Arten der Phaeophyzeen erreichen gewaltige Dimensionen: mehrere hundert Meter langer Thallus von Makrozystis; in der gleichen Verwandtschaft stehen aber auch mikroskopische Formen. Größe und Organisationsgrad bedingen sich also nicht gegenseitig. Man darf aber auch nicht übersehen, daß, je niedriger eine Pflanze ist, auch der Zellzusammenhang physiologisch um so loser sein wird und man mit um so weniger Berechtigung von Individuen spricht. Und nur einem echten Individuum kann man echte, „wahre" Größe zuerkennen. Wie dem auch sei: Diese großen Algen verdanken ihren Zusammenhang dem Wasser.

Das spezifische Gewicht des Wassers ist etwa 1000mal so groß wie das der Luft, des Mediums der Landpflanzen und Landtiere. Diese sind daher statisch entsprechend schlechter gestellt. Die Wassertiere sind dagegen dynamisch im Nachteil, da sie bei der Bewegung ihre, von allen Seiten einwirkenden Tragsäulen, den Wasserwiderstand zu überwinden haben; somit

5*

herrscht ein gewisser Ausgleich hinsichtlich der Vor- und Nachteile des Land- und Wasserlebens. Bei Größenzunahme sind
die Landlebewesen der statischen und dynamischen Verplumpung ausgesetzt, die Wasserwesen nur der dynamischen: infolgedessen die Wasserpflanzen gar keiner, aber die Landpflanzen
der statischen; daher sind bei Pflanzen des Landes und — noch
mehr — des Wassers absolut größere Formen lebensfähig als
bei (besonders Land-) Tieren (Pflanzen statische, Tiere dynamische Wesen). Auch haben sich die vorweltlichen Pflanzen-
riesen zum Teil bis heute lebend erhalten. Ein paar bekannte
davon sind: Der Ginkgobaum Ostasiens, der unsere höchsten
einheimischen Bäume an Höhe übertrifft; dann die Araukarie
Südamerikas und Australiens mit ihren 60 m und schließlich
der Mammutbaum, der mit den gewaltigsten Domtürmen an
Größe, und an Alter mit den Pyramiden wetteifert (Begriff
„Zeit" in seiner biologischen Bedeutung und hinsichtlich seiner
absoluten Ausmaße!). Mag ferner auch die dynamische Verplumpung der Wassertiere noch so groß sein: die Wasserstatik
hält sie doch immer noch „über Wasser", bewahrt sie vor dem
„Zusammenbruch", gleicht also die entstehenden Nachteile
stark aus.

Je schwerer ein Landtier, um so relativ weniger Traglast
kann es aus statischen Gründen fördern, um so kürzer wird relativ die Wirbelsäule, um so umfangreicher werden verhältnismäßig seine Knochen. Ein Versuch, diese Brücke zu vermeiden,
ist vielleicht die Vertikalstellung von Wirbelsäule und Hinter-
gliedmaßen unter gleichzeitiger Benützung des „Schwanzes"
als drittes Stützglied und Schwerpunktsverlagerung (känguruh-
artig), bei manchen großen Sauriern, z. B. beim Iguanodon.
Aus einer Brücke wird ein Turm. Was ist biologisch-technisch
vorzuziehen? Selbstredend kommt ein Vergleich dieser Konstruktion mit ähnlichen von kleinen Tieren nicht in Frage.

Die Knochen eines Tieres verrichten als statische Organe
nur passive Funktionen und kennen, wie die Pflanze, keine
eigentliche Ermüdung. Erschöpfung einer Pflanze ist Wachs-
tumstillstand. Ermüdung kennt nur die Dynamik (Muskeln).
Statische Energie wird nicht verbraucht, obwohl sie in jedem
Stein, jedem Metall, jeder Materie enthalten ist (Kohäsion
usw. Stoff ohne Kraft nicht denkbar); sie ist nicht aufschließ- und

68

umsetzbar. Ein Gefäß beispielsweise leistet keine Arbeit gegen die Schwerkraft, wenn es eine Flüssigkeit auch noch solange enthält und trägt. Biegung oder Bruch einer statischen Vorrichtung durch Überlastung kann nur durch Reparatur, Wachstum, Heilung behoben werden. Auch die unstarren statischen Systeme der Tiere, z. B. die elastischen Fasern, Bänder und Häute kennen keine Ermüdung, sind aber wie die Knochen in ihrer Haltbarkeit (Zerrung, Zerreißung) von der Größe des Tieres und seiner Bewegungen im Sinne der Verplumpung abhängig. Je kleiner ein Tier, um so schlanker, elastischer, behender und flinker kann es auch aus statischen Gründen sein. Selbst die Knochen sind bis zu einer gewissen Größe auch auf kurze Strecken elastisch. Überhaupt gelten die bei den Pflanzen ausgeführten statischen Verhältnisse auch für die Tiere, soweit sie statische Wesen sind. Kommen zu statischen Ansprüchen noch dynamische, so beschleunigt sich natürlich die Verplumpung, und die absolute Größengrenze wird schneller erreicht.

Wiederum sind es die Insekten (weniger die anderen Arthropoden), die im Punkte der Statik, der Körperstützung, einen besonderen Weg eingeschlagen haben in Form ihres hochentwickelten Chitinskelettes. Der biologische Sinn dieses Hautskelettes entspricht aber nicht ganz dem des Knochengerüstes der Wirbeltiere.

Die Arthropoden können eine gewisse absolute Größe nicht überschreiten, da das Körpergewicht nicht durch unmittelbare Aufeinanderlage der Stützorgane wie bei den Wirbeltieren (Knochen auf Knochen) getragen wird, sondern nur mittelbar vom Hautskelett, unmittelbar aber von den Bändern desselben; ferner muß der Chitinpanzer als Außenskelett entsprechend dem Wachstum gewechselt werden können und wäre aus diesem und anderen Gründen einer Architektonik im Sinne von Knochen nicht zugänglich usw. Der fundamentalste Unterschied zwischen Chitin- und Knochenskelett ist der, daß das Knochenwachstum das Körperwachstum bestimmt, während das Chitinskelett ein vergängliches Produkt des Körperwachstums, eine statische Improvisation ist, die von einem gewissen Körpergewicht an unzulänglich wird. Da die Oberfläche eines Tieres mit zunehmender Größe relativ sinkt, müßte der Chitinpanzer dafür eine untragbare Wandstärke annehmen u. dgl. m. — Ein extremes, daher überzeugendes Beispiel liefern die Seespinnen (Krebse): Die Riesenkrabbe (50 cm langer Rumpf, 1,5 m lange Vordergliedmaßen) ist nicht imstande, eine Last, die ihrem Körpergewicht gleichkommt, zu tragen und sie hat schon Mühe, ihren unbelasteten Leib auf dem Lande fortzubewegen. Infolge dieser Unbeholfenheit kann sie auch nur im Wasser (Meer) leben.

Das Chitinskelett — in so vielem es auch nützlich und vorteilhaft sein mag — ist somit auch der Panzer, der der geistigen Entwicklung der Insekten ebenso wie ihrer körperlichen — soweit es das sog. Individuum betrifft — eine Grenze gesetzt hat. Es gibt ja kein „intelligentes Tier" unter oder über einer bestimmten absoluten Größe. Die Arthropoden sind zwar im allgemeinen unter den Wirbellosen die intelligentesten Tiere, aber von den Cephalopoden werden sie bezeichnenderweise übertroffen, geradezu um ein Exempel zu statuieren, daß der Chitinpanzer der Hemmschuh der geistigen und körperlichen Entwicklung ist, insoferne Chitinfreiheit sogar Tieren, die im System tiefer stehen, diesbezüglich einen Vorsprung einräumt, und zwar mit Hilfe (und trotz!) des Wasserlebens. Zugleich zeigt aber ein Blick in die Natur, daß keineswegs mit der absoluten Größe auch die Intelligenz zunehmen muß. Die absolute Größe setzt stets Grenzen, hemmt oder macht frei, aber sie fördert nicht aktiv, sondern gibt nur immer den Rahmen ab, innerhalb dessen sich diese oder jene Organisationsmöglichkeit vollziehen kann.

Während Tiere mit der Durchschnittgröße der Wirbeltiere ohne Knochengerüst statisch nicht auskommen würden, läßt sich das gleiche von Tieren mit der Durchschnittsgröße der Arthropoden nicht sagen, was die Existenz gleich großer oder sogar größerer Tierarten ohne alles Skelett beweist. Freilich könnten z. B. die Landweichtiere (Gehäuse, Schalen u. dgl. keine statischen Aufgaben) eine gewisse absolute Körpergröße bei ihrer Organisation nicht überschreiten. Im Wasser allerdings erreichen ganz primitiv organisierte Tierformen (Quallen) Ausmaße, die außerhalb des Wassers die sofortige und vollständige Zerstörung des Habitus zur Folge hätten. Bei chitinlosen Insekten wäre das nicht der Fall. Es ist ja auch die Chitinhaut der verschiedenen, gleich großen Insekten äußerst variabel in

70

der Dicke und manchmal nur ein hauchfeines Häutchen. Deswegen ist das Vorhandensein eines starken Chitinskelettes kein Luxus. Es stellt nur die Insekten auf eine höhere Organisationsstufe und befähigt sie zu besonderen Leistungen auf statischem und dynamischem Gebiete: Zusammenhangsstabilität, Widerstand, Beweglichkeit, Leben in und auf dem Wasser, in und auf der Erde und in der Luft. So unangebracht für große Tiere ein Chitinskelett wäre, so zweckwidrig, ja undenkbar würde für die Insekten ein Knochenskelett sein. Die oben erwähnten Krabben sind jedoch dem Chitinkleid schon „entwachsen". Das Beispiel der Insekten lehrt, wie einerseits durch spezifische Organisation die Nachteile des absoluten Größenwachstums abgemildert werden, anderseits gleich große oder gleich schwere Tiere (Wurm, Raupe, Insekt) sehr verschieden in ihrer Leistungsfähigkeit sein können.

Auch auf anderen Gebieten leisten die Insekten besonderes. Man denke nur an die Seide und ihre Verarbeitung durch die gewandte Raupe. Ähnlich die Spinnen. Diese, ihr Netz und die Fliege dazu liefern uns ein geeignetes Betrachtungsobjekt: Das Netz als statische Einrichtung von großer Zartheit, die Spinne als Ausdruck dynamischer Höchstleistung, die Fliege als Flieger und Lauftier ohne Rücksicht auf das Unten und Oben (Zimmerdecke). Wir wissen nun schon, warum dieses lebende Bild nicht vergrößert werden kann, aber auch nicht verkleinert (Spinnfäden würden verkleben, Organisation der Spinne unmöglich usw.), sondern nur in der tatsächlichen Größenordnung realisierbar ist. Ebensowenig kann irgendeine Beute der Spinne gewisse Ausmaße über- oder unterschreiten, dies u. a. schon aus dem Grunde, weil der Instinkt der Spinne, ihr Beutewahrnehmungsvermögen, auf einen bestimmten Bereich von Schwingungszahlen abgestimmt ist, insofern sie auf Schwingungen ihres Netzes, die durch die Abwehrbewegungen des Gefangenen hervorgerufen werden, nur in solchen Fällen angriffslustig reagiert, in denen die Schwingungszahl nicht zu groß oder zu klein und gerade ist (z. B. 240, aber nicht 241). Wie die Resonanz einer Stimmgabel vom erzeugenden Ton, so ist auch der Nahrungstrieb der Spinne von einer absoluten Anzahl Schwingungen ihres Netzes abhängig. Niemand wird sich ferner die Möglichkeit vorstellen können, daß eine Raupe,

71

etwa von der Größe einer Schlange, sich ihr Haus selber und aus körpereigenen Stoffen zu spinnen fähig wäre: Der Bedarf an Baumaterial, Klebstoff und Kraft würde das Werk im Keime ersticken. Genau so undenkbar ist eine Riesenspinne und ein tragfähiges Riesenspinnetz: Die Zerreißfestigkeit des Netzes wäre sehr bald den Anforderungen nicht gewachsen, würde im Verhältnis zum Gewicht praktisch gleich Null werden. Dasselbe ist von der Klebfähigkeit auch des besten Klebstoffes zu sagen: Die Klebfläche müßte äußerst rasch gesteigert werden, um dem Fadenende genügend Halt zu verleihen: Flächen- und Raumwachstum! Kleinen Vögeln, z. B. Schwalben, gewährt dieses Kräftespiel zwischen Raum (Masse, Gewicht) und Oberfläche noch ein Ankleben des Nestes; für große wäre das ein gewagtes Unternehmen. Selbstredend spielt bei alledem auch die Güte des Klebstoffes mit, aber diese ist auch begrenzt (wieder Größenordnung: Klebstoff = Kolloid, Teilchengröße!). Und was würde es für ein großes Tier bedeuten, seinen eigenen Flugapparat zu bauen aus eigenen Körpersäften und diese Tätigkeit immerzu zu wiederholen! Die Krabbenspinnen machen das: Diese winzigen Spinnen spinnen sich Fäden zum Wandern, d. h. zum Fliegen. Mit Hilfe dieser Spinnfäden segeln sie, vom Wind getragen, durch die Luft. Es sind das die Herbstfäden, der „Altweibersommer" oder der „fliegende Sommer". Wollen diese Tierchen landen, zur Erde, dann wickeln sie ihren Flugfaden auf, während sie an ihm von unten nach oben klettern — alles im Fluge — und sinken nun mit dem Knäuel als Fallschirm (ihre eigene Kleinheit würde sie schon vor Unfall schützen!) langsam zu Boden.

Empfindungsgrade.

Legt man eine Nähnadel vorsichtig auf einen ruhigen Wasserspiegel, so bleibt sie liegen, sinkt aber bei Erschütterung u. dgl. sofort zu Boden. Dieses Liegen auf Flüssigkeitsoberflächen von Gegenständen, die spezifisch schwerer sind als das Medium, kommt bekanntlich durch die Oberflächenspannung (Kohäsionskraft) zustande. Außer dem Spannungsgrad der Flüssigkeit (Materialkonstante) ist dabei das Verhältnis des absoluten Gewichtes des festen Körpers zu seiner Berührungsfläche maßgebend. Das spezifische Gewicht spielt insoferne mit, als es das absolute Gewicht des festen und die Spannung des flüssigen Körpers mitbestimmt; d. h. ein fester Körper wird ceteris paribus um so mehr von einer Flüssigkeit getragen, je geringer sein spezifisches Gewicht und je höher dasjenige der letzteren ist; oder, der spezifisch leichtere Körper darf voluminöser sein usw. (nicht zu verwechseln mit Schwimmen; Holz z. B. kann auf dem Wasser schwimmen und — bei entsprechender Kleinheit — auch liegen). Mit einem Nagel kann man das Nadel—Wasser-Experiment nicht wiederholen, obwohl Nadel und Nagel gleiches spezifisches Gewicht besitzen. So ist es auch in der belebten Natur: Kleinen Tieren (Wasserläufern usw.) ist die Ausnützung der Oberflächenspannung von Flüssigkeiten grundsätzlich möglich, großen nicht.

Es fragt sich nun weiter, ob auch die Empfindungsqualität der verschieden großen Tiere gegenüber dem Wasser (oder der Luft usw.) eine verschiedene ist, nachdem die einen (großen) die Oberflächenspannung nicht im geringsten verspüren, während den anderen (kleinen) darin eine Lebensebene ersteht. Man ist versucht zu glauben, daß den Wasserläufern der Wasserspiegel vorkommt wie etwa dem Schaf der Heideboden. Das mag für den statischen Gemeinsinn zutreffen, nicht aber für das differenzierte Empfinden, das an die Zelle gebunden ist. So ist das Empfinden für „naß“ bei vielen Insekten gut ausgebildet, obwohl der Chitinpanzer die Hautempfindung stark einschränkt, eng begrenzt. Auch arbeiten das kleinste und größte Tier innerlich-physiologisch (Körperflüssigkeit, Verdauung, Zelltätigkeit) mit äußerst ähnlichen Flüssigkeitsgraden; beide nehmen gleiches Wasser und gleiche Luft auf, in beiden sind die osmotischen Vorgänge oder die kolloidalen Zustände an absolut gleiche Größenordnungen geknüpft (Zelle). Die Eigenschaften eines Stoffes sind Eigenschaften der Moleküle und deren Anordnung. Die Welt der Moleküle ist aber den Ausmaßen nach einem Insekt viel ferner gelegen als etwa einem Pferd die Fliege; man denke an die Loschmidtsche Zahl: $27{,}1 \times 10^{21}$ Moleküle in 1 l Gas, und an die Tatsache, daß gerade oft kleine Tiere absolut größere Blutkörperchen besitzen als große. Sonach sind wahrscheinlich die „Empfindungsgrößen“ der verschieden großen Tiere (Pferd — Fliege) für

Aggregatzustände (Tastsinn) einander sehr ähnlich. Man wird also nicht etwa behaupten können, daß Wasser von 10° C für einen Hund „verhältnismäßig" flüssig ist, für eine Stechmücke aber „verhältnismäßig" fest, hart oder dergleichen. Es gibt weder physikalisch noch biologisch bzw. physiologisch einen „relativen Aggregatzustand" eines Mediums. Das gleiche gilt für alle anderen Reizqualitäten: Licht, Wärme, Schall, Geruch, Geschmack. Nicht auf die Größe eines Tieres im Verhältnis zur Größe des physikalischen Zustandes oder Vorganges kommt es an, sondern darauf, ob das Tier reizbare Zellen bzw. gute oder schlechte Sinnesorgane besitzt. Da aber meistens die größeren Tiere die feineren Sinnesapparate besitzen, so werden sie die physikalischen und chemischen Erscheinungen sogar stärker empfinden als die kleineren; unabhängig davon ist allgemein zu sagen: dem groborganisierten Wesen (hauptsächlich die kleinen) wird die Welt fein erscheinen (oder gar nicht), dem feinorganisierten dagegen grob. Das feinstorganisierte Wesen ist der Mensch; er hat sich in seinen Häusern, in seiner Kleidung usw. eine Zwischenwelt geschaffen, eine Pufferwelt, die ihn mit der eigentlichen Welt nur mittelbar oder fast gar nicht mehr verbindet; und darüber hinaus schafft er sich in seinen Künsten eigene, adäquate Welten . . .

In der Optik, Akustik, Thermostatik und -dynamik usw. rechnet man mit Schwingungszahlen bzw. mit molekularen Wegstrecken (mittlere freie Weglängen), also bestimmten absoluten Zahlengrößen. Und die Sinne der Tiere, ob diese groß oder klein, sind Apparate, die auf gewisse Serien dieser Schwingungen abgestimmt (adaptiert) sind. Die Wahrnehmung, der Kontakt mit dem Milieu, der Empfindungsgrad hängt somit an absoluten Größenordnungen, wie anscheinend überhaupt jeder physiologische Vorgang. Es gibt nur absolute und keine relativen Reize, ebenso auch nur solche Sinne.

Wie nahe zwei Größenordnungen (Schwingungszahlen), denen zwei verschiedene Sinne oder Empfindungsqualitäten als Empfangsanlagen gegenüberstehen, beisammen liegen können, zeigt folgende Betrachtung. Man kann z. B. die Schwingungen einer Stimmgabel sowohl mit dem Ohr als auch mit der Hand wahrnehmen. Ist demnach das Ohr ein verfeinertes Tastinstrument? Starke Töne (Glocken, Detonationen) kann man manchmal deutlich am ganzen Leib verspüren; wir fühlen also auch Töne, allerdings nicht so differenziert, wie wir sie hören. Wo liegt die Grenze zwischen diesen beiden akustisch-mechanischen Sinnen? Tatsächlich scheinen bei vielen Insekten der Gehör- und Tastsinn zu einer Empfindungsqualität zu verschmelzen. Sie besitzen als Gehörorgan ein Trommelfell in Form einer Chitinmembran (Tympanum), die über tracheale Hohlräume gespannt ist. Dieses Fell steht in Resonanz mit den Geräuschen, aber eine weitere Transformation findet nicht statt. Man hat daher früher die Reaktion der Insekten auf periodische Luftschwingungen (Schall) als vom Tastsinn verursacht angesehen. Jedoch bringen gerade diese, mit einem Trommelfell versehenen Insekten Töne hervor, was eher für eine echte Gehörempfindung spricht, freilich nicht unbedingt, denn möglicherweise können sie ja ihre eigenen Töne auch „tasten“. Wer weiß überhaupt, ob die Beantwortung dieser Fragen mit der Art und Struktur des primären „Empfangs- gerätes“ und nicht mit der letzten, psychischen Empfangsstation zusammenhängt. Eine Tatsache, die wir gleich einleitend kennengelernt haben, spricht ebenfalls für den Tastsinn, die Tatsache nämlich, daß die motorischen Nerven der Insekten äußerst zahlreiche Einzelreize pro Zeiteinheit den Muskeln vermitteln (Flügelschläge) und diese nicht tetanisiert werden, sondern mit Einzelzuckungen antworten. Auf Grund dessen könnte man wohl annehmen, daß auch das Trommelfell als Tastorgan viele Einzelreize des akustischen Milieus in kürzester Zeit zu registrieren und die sensiblen Nerven sie weiterzuleiten in der Lage sind; daß also die Insekten einzelne oder wenig- stens kleine Gruppen von Schwingungen eines Tons als Schall- wellendrucke gesondert empfinden, tasten. Ein guter Tastsinn wäre das allerdings; vielleicht ein Ausgleich und Ersatz der Unmöglichkeit, in ein so kleines Tier, wie die Insekten sind und sein müssen, ein gutfunktionierendes echtes Gehörorgan, das keine bestimmte absolute Größe unterschreiten kann (Zelle stets als Baustein), unterzubringen und einzubauen. Viele Insekten werden schon mit ihrem ganzen, zarten Leib ein Resonanzorgan abgeben, gehen doch oft Tausende von ihnen auf den Hörapparat eines großen Tieres! Außerdem besitzen sie eine relativ große Oberfläche, Empfangsfläche.

Weiterhin ist interessant, daß die Insekten in ihrem Innern, an allen möglichen Stellen, sog. chordotonale Organe (Saiten) ausgespannt haben, von denen man vermutet, daß sie Erschütterungen der Unterlage oder der Umgebung anzeigen (seismische Organe), vielleicht auch den Luftdruck. Jedenfalls besitzen sie auch den „Tastcharakter" wie die Tympanalorgane (also ohne Sekundärorgan) und demonstrieren einfache Größentransformatoren vitaler Art.

Um aber auch mit anderen Tieren die Verwandtschaft der beiden Sinne, Tast- und Gehör-, zu belegen, soll an einen Feind — und zugleich Freund! — der Insekten, die Fledermaus, und an den alten Meister Spallanzani erinnert werden, der bekanntlich als erster die Flugtechnik dieser Tiere studierte (geblendete Fledermäuse zwischen gespannten Fäden fliegen). Ihr feines Tastgefühl ist imstande — so nimmt man an — die vom eigenen Flug erzeugten und an den Fäden oder Netzen reflektierten Luftwellen augenblicklich wahrzunehmen und so das Tier rechtzeitig zum Ausweichen zu veranlassen. Auch ein derartiges Tastgefühl erinnert an ein generelles „Körpergehör".

Wie steht es nun mit den Reizen, die man gewöhnlich dem Tastsinn zuordnet, also der Oberflächenbeschaffenheit eines Gegenstandes: Rauhigkeit, Glätte, Härte, Plastizität usw. in Hinblick auf verschiedene Tiergrößen? Würden entsprechende Riesen Gebirgsketten in gleichem Maße als Rauhigkeit empfinden wie etwa wir ungehobeltes Holz? Und Liliputaner letzteres als Berge und schwer überbrückbare Klüfte? Wir wissen bereits, daß es weder derartige Riesen, noch derart postulierte menschliche Zwerge geben könnte. Und wenn, dann würden sie trotzdem weder dasselbe, noch irgendwie „verhältnismäßig" empfinden, sondern von Grund auf etwas anderes. Die Liliputaner würden ihre Klüfte spielend ohne Überbrückung bewältigen, gar keine Abgründe, Tiefen und Steilheiten darin erblicken usw.; die Riesen aber würden über ihre „Rauhigkeiten" nicht hinwegschreiten können, die Haut der Fußsohlen würde dort, wo sie „Spalten" überbrückt, durchsacken, der Zellzusammenhang würde gesprengt werden, abgesehen davon, daß auch auf glattester Fläche die Quetschung schon übergroß wäre usw. Mit entsprechend größeren Zellen wäre natürlich auch nichts geholfen; es müßte alles, aber auch alles bis ins unendlich Kleine

76

anders, die Materie und ihre Eigenschaften durch und durch anders sein, wenn solche Annahmen verwirklicht werden könnten; in diesem Falle wären aber die tatsächlichen Größenordnungen der Welt auch wieder zur Unmöglichkeit verdammt. Es ist immer nur ein einziger absoluter Größenordnungsbereich denkbar.

Eine Ameise z. B. wird die Konsistenz eines Materials, die Härte eines Steines ähnlich wie ein größeres Tier empfinden; wegen des geringeren Körpergewichtes sogar oft milder. So sind auch die anderen Empfindungen und ihr Grad nicht einfach eine Funktion der Größe eines Tieres, sondern vor allem der sinnesphysiologischen Durchbildung und der damit zusammenhängenden sonstigen Organisation: ein beißendes Tier verspürt die Materialhärte, ein kletterndes die Höhe und Steilheit, ein laufendes Weg, Strecke, Zeit usw.

Durch das Auge empfinden aber die Insekten einen Sandhaufen weder in seiner „eigentlichen" Größe noch als einen Berg. Letzteres wäre auch biologisch überflüssig — ebenso wie ein Schwindelgefühl —, da es für sie physiologisch keinen Berg, keine Steilheit und keine Höhe gibt: und infolgedessen auch keine Gefahr, vor der gewarnt werden müßte. Für sie gibt es auch keine spitzen Steine und andere mechanischen Hindernisse und Gefahrsmomente wie für das große Tier; ihr Kontakt mit der Erde ist ein viel leiserer, unabhängiger; sie besitzen auch ohne Flügel mehr Kontakt mit der Luft, ihr Laufen und Klettern ist ein halbes Schweben; Wasser oder Sumpf ist für sie nicht härter als für uns, aber sie marschieren darauf wie auf Pflaster. Eine andere Erde ist es, auf der sie leben, als die unsere, und doch wieder eine so verblüffend ähnliche: Ist ihnen nicht häufig das Holz sogar ein weicheres Material (zum Beißen, Kauen usw. — Wespen) als großen Tieren! Und die Jonen der Lebenssalze leiten genau so ihre Zellmotoren wie die unsrigen. Es läßt sich keine Norm aufstellen, nach der alle ökologischen Beziehungen der verschiedenen absoluten Lebensgrößen einheitlich reduziert werden können.

Die Insekten sehen einen Sandhaufen weder als „Sandhaufen" noch als Berg, sagten wir. Wie denn dann?

Da sie weder ein Haufe noch ein Berg interessiert oder beeinträchtigt, so sehen sie beides nicht, sondern sie sehen seine Einzelheiten, die unser unbewaffnetes Auge nicht sieht, da für

77

uns nicht wichtig (nur für den Forscher). Ebensowenig wir die Rundung der Erde wahrnehmen oder verspüren, fast ebensowenig erkennt ein Insekt Erhebungen oder Senkungen der Erde (nach unseren Begriffen) oder überhaupt das, was uns als Einzelheit (Stein, Baum, Teile davon) erscheint; die Insekten haben „Lupenaugen".

Das Auge ist ein merkwürdiges Organ. Alle Augen arbeiten mit ungefähr gleichen Größenordnungen der adäquaten Reize, der Lichtwellen (Spektralausschnitt). Die Insekten, als kleine Tiere, sehen aber „klein", „Kleines", Nahes. Da stimmt die Relativität! Anderseits aber sollten sie — der Relativität entsprechend — das größer sehen, was für uns klein ist, also statt Sandhaufen Berge, statt kurze Strecken lange, das sehen sie aber alles überhaupt nicht. Daran ist aber nicht ihre absolute Kleinheit schuld (schon auch, indirekt), sondern die Organisationsart der Augen, die auch bei ihrer Größe anders eingerichtet gedacht werden können.

Die psychologische Sonderstellung der Augen hängt vielleicht auch damit zusammen, daß es Geruchs-, Geschmacks- und Schallgrenzen gibt wegen der Widerstände in ihren Medien (auch homogenen), aber keine Lichtgrenzen — wiewohl Sehweiten — im durchlässigen Medium, so daß nur das Auge in der Lage ist, Unendlichkeit aufzunehmen (Licht der Sterne, aber keine Geräusche usw. des Weltenraums) und auch zu äußern (Blick in weite Fernen).

Man darf z. B. den Samentierchen kein besonderes Geruchsorgan oder vielmehr, da es sich um flüssige Medien handelt, Geschmacksorgane zubilligen, wenn auch die chemotaktische Wirkung der Eizelle im Verhältnis zur Größe der Samenzelle „kilometerweit" wirkt und empfunden wird. Ebenso verhält es sich mit anderen Taxiien oder auch Tropismen: die Zellen empfinden absolut gleich weit (Reizweite), ob sie nun winzigen oder riesigen Tieren angehören; ausschlaggebend ist ihre Eigenart und ihr organisatorisches Zusammenwirken. Weder statisch noch dynamisch noch „sinnlich" sind die kleinen und kleinsten Lebewesen als Wunder der Natur über die großen zu stellen; ganz im Gegenteil.

Auch das Licht als solches nehmen alle Tiere, ob groß oder klein, aus allen Entfernungen wahr, vorausgesetzt, daß

sie „lichtempfindliche Zellen" besitzen. Der Grad der Licht-
empfindlichkeit kann natürlich sehr verschieden sein. Je höher
er und überhaupt die Organisation des Auges ist, um so mehr
äußert sich auch die innere Sehweite eines Tieres. Und es ist
wohl auch kein Zufall, daß gerade unter den Vögeln, deren
Augenschärfe im allgemeinen die der anderen Tiere weit übertrifft, die schönsten Kleider besitzen (wenn auch geschlechts-
gebunden, Männchen). Ein Analogon dazu sind ihr scharfes
Ohr und ihr Gesang. Dabei ist die ganze Klasse der Vögel ins
Auge zu fassen und nicht die einzelne Art. Bei den Schmetter-
lingen ist hinsichtlich der Entwicklung schöner Kleider an die
Stelle des Auges offenbar ihr berühmter Geruchsinn (-weite)
getreten (oder kommt letzterer im Duft der Blumen zum Ausdruck und stammt das Farbenkleid der Insekten doch von ihrem
Auge, als Spiegel der Blumenfarben!). Übrigens — schon
wieder die Insekten! Auch im Stimmengewirr der Natur
spielen sie eine hervorragende Rolle! Es ist auffallend, daß
gerade sie, die doch kein besonders gutes Sehvermögen aufweisen und ihre Augen dem grellsten Sonnenlicht unbekümmert überlassen, auch hinsichtlich Mimikry obenanstehen. Die
Farbwechsel und Farbanpassungen der dazu fähigen Tiere
erfolgen doch durch Reize, die vom Auge aufgenommen und
über das Nervensystem auf den Chromatophorenapparat übertragen werden (Übertragung von absoluten Licht- oder Farb-
größen). Zwar färben sich Kraken oder Fische, deren Augen
exstirpiert wurden, bei zunehmender Lichtstärke auch dunkler.
Aber das kann von den Folgen der direkten Nervenreizung
durch die Operation herrühren. Man hat aber auch schon fest-
gestellt, daß bei gewissen Fischen der Tastsinn mitwirkt und möglicherweise an Stelle der Augen den Mimikryvorgang auslöst.
Was liegt nun näher, als den hochentwickelten (allerdings ein-
seitig spezialisierten) Geruchsinn der Insekten für ihr Farben-
spiel verantwortlich zu machen. Und wenn die durch irgend-
welchen scharfen Sinn aufgenommene Außenwelt sozusagen
sich im Kleide von Fall zu Fall widerspiegelt (Mimikry), so
kann die Möglichkeit eines mehr oder weniger konstanten Aus-
drucks des durch das Auge empfangenen Weltbildes im Kleide
und Gesang der Vögel nicht von der Hand gewiesen werden.
Stets ist zwischen Empfangsanlage und Ansprechgewebe der

Nervenweg eingeschaltet (wie auch beim Menschen und den Ausdrucksformen seiner Kunst und seines Lebensstiles). Bei Reptilien und Tagvögeln finden sich an den Zäpfchen der Retina (Netzhaut, Sehschicht des Auges) gelbe, rote, grüne und blaue Öltügelchen, die mit der Fernsichtigkeit des Auges (abgesehen von anderen Einrichtungen dazu) in Zusammenhang stehen und vor allem das Auge befähigen sollen, Nebel zu durchdringen. Bei den Vögeln wäre das schließlich zu verstehen, aber bei Reptilien klingt es nicht sehr glaubhaft. Mir scheint eher, daß es sich um Filter handelt, die dem Nervenapparat, der die Oberflächenfärbung der Tiere regelt, zusammen mit der Retina vorgeschaltet sind. Die Zäpfchen der Retina sind stets die tag- und farbempfindlichen Elemente eines Auges. Die farbigen Kugeln (Öltröpfchen) werden also entsprechend ihrer Verteilung diese Sehelemente verschiedenfarbig irritieren und das angeschlossene Nervenfadenwerk wird das Farbenmosaik gleichsinnig weiterleiten. Jede Nervenfaser wird eine bestimmte Farbe leiten und einen bestimmten Vorgang bei den Chromatophoren stark betont auslösen. Durch diese Trennung, Isolierung und Konzentrierung der Farben der Außenwelt kommt — unserer Theorie nach — eine zweckmäßige, intensive, geordnete und ungestörte Übertragung der „farbigen Größenordnungen“ ins Innere, außen — am Kleid — zustande. Die farbigen Ölkugeln hätten demnach zusammen (Einzeln-Filter) die Funktion eines Farbenprismas und sollen vielleicht die Kompliziertheit des Farbenspiels der Außenwelt vereinfachen und dadurch zugleich verstärken, um überhaupt eine Wirkung im Sinne der Mimikry bei den Erfolgsorganen zu ermöglichen. Je nach der Farbenverteilung der Umgebung des betreffenden Tieres werden dann die gelb-, grün-, blau- oder rotleitenden Nervenfäden stärker oder schwächer mittels ihrer vorgelagerten Farbkugeln „geladen“ werden und sich dementsprechend auswirken. Die Tiere mit Farbfiltern vor gewissen Teilen der Retina sehen also doppelt: einmal gewöhnlich (mit dem „Gehirn“, soweit von einem solchen gesprochen werden kann) und dann noch mit dem sympathischen Nervensystem; beide Male erfolgt ein Reflex, eine Antwort nach außen, von wo der Einfluß stammt.

Die Libellen und Raubfliegen besitzen ein gutes Auge, dafür aber einen schlechten Geruchsinn. Auffallend ist, daß diese

Tiere hinsichtlich des farbenfrohen Kleides und des Auges, des Sinnes, der mutmaßlich die Farbenpracht verursacht, mit den Vögeln übereinstimmen. Daß das Auge in der Tat auch auf andere Vorgänge als auf jene, die man gewöhnlich „im Auge" hat, auslösend wirken kann, beweist seine Funktion als tonisches Sinnesorgan bei den Gliederfüßern. Das Komplexauge der letzteren bewirkt durch seine Lichtaufnahme den Tonus der Muskulatur, und die Blendung hat oft Lähmung zur Folge. Auf den übrigen Körper hat das Licht bei diesen Tieren zumeist, infolge des Chitinpanzers, keinen Einfluß. Aus dem gleichen Grunde (Chitinpanzer) soll ihnen ein gutausgebildetes Tastgefühl fehlen: der Panzer ist starr, hart, nicht schmiegsam und kann keine Formen vermitteln. Dafür aber sind sie eben absolut kleiner und ihr ganzer Körper ist häufig kleiner als ein ganzes Sinnesorgan eines mittelgroßen Säugetieres. Man male sich diesen Vergleich aus! Und steige mit diesem Gedanken die ganze Tierleiter hinunter. Freilich, ein Insekt von der Größe eines Hundes hätte sehr wenig Gefühl, bräuchte es aber um so dringender; ein Hund von der Kleinheit eines Insekts hätte „vielzuviel Gefühl" und dieser Überfluß würde ihm — abgesehen von anderen Verwirklichungshindernissen dieser Verkleinerung — zum Verhängnis werden.

Die Größe, d. h. Bildfläche der Retina des Auges wächst nicht einfach mit der Größe eines Tieres. So besitzt z. B. das Pferd eine nur etwa 3mal so große Netzhaut als der Mensch. Und wie klein sind die Augen der Elefanten! Wenn eben schon eine für die obwaltenden Umstände optimale Bildgröße u. dgl. erreicht ist, dann wäre eine Vergrößerung der Retina illusorisch; sie wird bei einer gewissen absoluten Größe stehenbleiben. Die Stäbchen und Zäpfchen des Pferdeauges sind sogar feiner als die des Menschenauges, und man kann diese Tatsache als die Ursache der Fähigkeit des Pferdes, kleinste Bewegungen und Gegenstände zu unterscheiden, buchen.

Die riesigsten Augen, absolut und relativ genommen, haben die Cephalopoden (Kopffüßer, Tintenschnecken). Es sind hochentwickelte Kameraaugen mit einer großen Zahl an perzipierenden Elementen, wodurch zweifellos ein deutliches Bild zustandekommt. Beim Menschen z. B. machen die zwei Augen 0,025% des Körpergewichtes aus, bei den Cephalopoden dagegen ½ bis 25%! Das sind aber auch die absolut größten Augen, die man kennt. Ihr Durchmesser ist viel, viel größer als der von einem Auge des Wals! Ein in der Tiefsee lebender Cephalopode hat Augen bis zu einem Durchmesser von 40 cm. Merkwürdigerweise scheinen diese Großauger sehr intelligent zu sein und darin sogar die Arthropoden, bei denen man sonst die klügsten Wirbellosen vorfindet, zu übertreffen. Sie verfügen nachgewiesenermaßen über ein gutes Ortsgedächtnis, bauen sich aus Steinen Wohnungen, die sie auch sehr reinlich halten. Manche Cephalopoden besitzen sogar soziale Instinkte, treten in Herden auf (als Individuen, also nicht mit Ameisen usw. zu vergleichen nach unserer „Staatstheorie") und sind diesbezüglich vielleicht mit den Vögeln (Schwalben usw., auch Nest rein) zu vergleichen: der gemeinsame Vogelzug gleicht ihren gemeinsamen, wohlgeordneten, zielgerechten Schwimmbewegungen. Kämpfe der Männchen aus Eifersuchtsmotiven deuten ebenfalls diese seelische Stufe an. Dasselbe gilt für die Brutpflege (auch vivipare Cephalopodenarten!) mancher dieser Tiere (Mollusken! Also im System schon sehr tief). Mit alldem stimmt ihre äußerst starke Gehirnentwicklung überein. Trotz ihrer niedrigen zoologischen Stellung besitzen sie weitaus und mit Abstand die größte Gehirnmasse der Evertebraten, ja sogar eine größere als manche Wirbeltierklasse, die Fische und Amphibien. Allerdings stehen sie bezüglich Körpergröße an der Spitze aller Wirbellosen, und die mit Nerven zu versorgende Muskelmasse ist sehr groß. Trotzdem nehmen die Cephalopoden eine ganz ungewöhnliche (und wenig bekannte) Stellung im Tierreich ein und sie durchbrechen manches gewohnte Maß. Interessant ist auch, daß sie ihre Gefühle in Form eines Chromatophorenspiels zum Ausdruck bringen, ähnlich wie bei den höheren Tieren Schmerz oder Freude durch Bewegungen oder Laute geäußert werden: in jedem Falle eine Übertragung der „inneren Bewegung" in äußere (vgl. auch Rotwerden beim Menschen u. dgl.). Ein Schmerzschrei ist ein Mißton, ein Mißton ein Schmerz. Transformate!

Aber auch nicht bewußt werdende Einflüsse können sich beim Menschen auf verschiedene Art nach außen umsetzen, so z. B. meteorologische. Der Ausschlag der Wünschelrute bei manchen Menschen an bestimmten Orten ist ebenfalls der Ausdruck eines unbewußten, inneren Vorganges. Man kennt die Kräfte nicht, die dabei die Ursache abgeben. Vielleicht sind es anorganische Bodenkräfte oder Biokräfte des Menschen — „hoffentlich Strahlen" —, die an jenen Stellen Ablenkungen und Störungen erfahren, die ihrerseits auf nervösem Wege in Muskelkontraktionen eigenster Art zum Vorschein kommen. Jedenfalls aber handelt es sich um Empfindungen des Menschen, deren Größenordnungen vorläufig von keinem physikalischen Instrument „nachempfunden" werden kann. Ein physikalisches Meßgerät formt sonst Vorgänge, die mit den Sinnen entweder nicht wahrnehmbar oder schlecht differenzierbar sind, in gut wahrnehmbare um, besonders für das Auge: Temperaturgrade, Elektrizitätsmengen und -spannungen, Aziditätsgrade u. dgl. auf Skalen, in Kurven und Farben dargetan. Auch die Wünschelrute ist ein Augenindikator. Bis jetzt sind nur gewisse Menschen in der Lage, einen unbewußten Kontakt mit den betreffenden Kräften oder Kraftfeldstörungen herzustellen und zugleich deutlich — mit Hilfe der Wünschelrute, die vielfach zu einer Wunschrute ausgeartet ist — aufzuzeigen.

Jedes Sinnesorgan steht zur Größenordnung des zu empfangenden physikalischen oder chemischen Vorganges in einer spezifischen, vermittelnden Verbindung; es ist ein Größensystem, das zwischen demjenigen des äußeren Vorganges und demjenigen des Nerves steht, ein Größentransformator. Das Transformat, der spezifische Reizzustand des leitenden Nerves, ist erst geeignet, die betreffende Gehirnabteilung (das Gehirn registriert keine sonstigen Eingriffe, es ist das unempfindlichste Organ!) zu veranlassen, den Vorgang der Außenwelt mit dem ganzen Zellstaat in Kontakt, d. h. zum Bewußtsein zu bringen. Das Gehirn ist somit — in seiner Feinstruktur — das letzte Größensystem vor der raumlosen, stofflosen Psyche, ähnlich wie das Atom (Elektron usw.) vor der stofflosen, jedoch nicht raumlosen Energie.

Es ist bekannt, daß das relative Hirngewicht nicht allein ausschlaggebend ist für die Größe der psychischen Leistungen und daß ohne Rücksicht auf das Körpergewicht ein gewisses absolutes Hirngewicht zu einer bestimmten Intelligenzstufe notwendig ist und hierfür eine gewisse Zahl von Gehirnzellen und verbindenden Bahnen nicht unterschritten werden darf.

Manche Vögel und kleine Affen sind im Besitze einer relativ größeren Gehirnmasse als der Mensch. Aber das hängt damit zusammen, daß das Körpergewicht durch eine besondere Organisation (Vögel) spezifisch leichter sein kann und außerdem mehr oder weniger Nerven für Muskelmassen benötigt werden. Daraus erklärt sich, daß kleine Tiere stets eine niedrige Psyche zu besitzen pflegen, während größere Tiere darin verschieden sind.

Diese Abhängigkeit der psychischen Fähigkeiten von absoluten Quantitäten findet ein Gegenstück in der Tatsache, daß auch eine Reaktion zu den Reizen in einem ähnlichen Verhältnis steht, d. h. eine Reaktion tritt nur ein, wenn der Reiz eine gewisse absolute Größe erreicht hat (Reizschwelle). Auch die Verstärkung der Reaktion tritt nicht etwa kontinuierlich entsprechend der Steigerung der Reize ein, sondern ist an gewisse Quantitätsstufen der letzteren gebunden. Eine andere Sache ist die absolute Größe der zeitlichen Intervalle, innerhalb derer aus einer Folge von Reizen Einzelreize registriert und beantwortet werden können. Hier marschieren die Insekten an der Spitze. Sie vermögen infolge besonderer Konstruktionen ihrer motorischen Nerven eine Folge von Reizen zu trennen und zu beantworten (Flügelschläge pro Sekunde), die bei Wirbeltieren Tetanus auslösen würde (die meisten Bewegungen der Wirbeltiere sind tetanische, also keine Einzelzuckungen, ausgenommen Herzmuskel, der aber die zu vielen Reize einfach unbeantwortet lassen würde, nicht tetanisierbar). Wahrscheinlich spielen hier auch die bei großen Tieren schon aus mechanischen Gründen unmöglichen Geschwindigkeiten und das Trägheitsgesetz mit herein.

Entsprechend den verschiedenen Größenordnungen (Schwingungszahlen usw.) der Umweltsvorgänge, die zu Eindrücken werden, müssen auch die Empfindungsapparate abgestuft und verschieden gebaut sein. Außerdem ist zu einem bestimmten Grade der Reizwahrnehmung eine gewisse absolute Größe des betreffenden Sinnesapparates nötig. Ein kleines Tier kann keinen umfangreichen Apparat in oder an sich tragen. Wir kommen also hier zu einem ähnlichen Ergebnis wie bei der Betrachtung der Gehirnmasse: Kleine Tiere können einen gewissen Grad und eine gewisse Breite der Sinneswahrnehmung nicht überschreiten; allerdings liegt hier die Grenze viel tiefer als bei der Gehirnfrage und je nach Sinnesart verschieden. Große Tiere müssen natürlich deshalb nicht immer gute Sinne haben; die zunehmende absolute Größe als solche vervollkommt ja ein Tier nicht, aber verschiebt Grenzen und eröffnet Möglichkeiten durch Raumgebung.

Aus ähnlichen Gründen (absolute Nerven-, Gehirnmasse) nimmt mit fallender absoluter Größe von einem gewissen Punkte an wohl auch das Schmerz- und Lustgefühl ab. Wieweit im übrigen der Schmerz mit der absoluten Größe eines Tieres zusammenhängt, wurde oben schon erörtert. Jedoch kann man nun weiterhin sagen: Schmerz ist die Übertragung einer im Organismus vorhandenen, lebensfeindlichen oder -schädlichen Größenordnung, dagegen Lust die Übertragung einer zuträglichen, nützlichen, lebensbejahenden Größenordnung auf das Bewußtsein (Schmerz-, Lusttransformat). Der Grad von Schmerz oder Lust bestimmt sich außer nach Höhe des Bewußtseins (Zellstaatorganisation) nach dem Grade der Schädlichkeit oder Nützlichkeit für das Individuum oder die Art (Liebe usw.).

Daß den Lebewesen, besonders dem Menschen, durch die Sinne auch solche Größenordnungen und -unordnungen der Außenwelt zugeleitet werden, die dem Körper weder nützen noch schaden oder ihn bedrohen, beweist die Welt der Töne, der Farben usw. (Kunst). Wir vergleichen dabei die vital-harmonischen und -möglichen Ordnungen mit denen der Außenwelt; Lust und Schmerz der Außenwelt sozusagen werden unserem Innern vermittelt und wirken sich in uns auch ähnlich wie eigene Schmerz- oder Lustgefühle aus: Mißtöne erregen Schmerzen; aber wesentlicher ist die seelische Aneignung, das Miterleben und Mitleiden aller wirklichen oder künstlerischen Vorgänge der Außenwelt. Das beste und schönste Beispiel hierfür ist die Musik, die uns in Form von — allerdings oft irrationalen — Schwingungszahlen ein zweites, durchsichtigeres Sein empfangen läßt.

Die Schmerzen sind also nicht mit einer einzigen Qualität und deren Empfindungsgraden vertreten; es gibt keinen speziellen Schmerzsinn, sondern ebenso viele Schmerzqualitäten wie Empfindungsarten. Jede Empfindung kann bis zum

Schmerz gesteigert werden, jeder Sinn die verschiedenen Reiz-
stärken bis hinauf zur übererregenden, schmerzerregenden auf-
nehmen, und alle Reizarten können durch entsprechende Intensität Schmerz auslösen. Disharmonische, zerstörende Größenordnungen der Objekte werden zu Schmerzen der Subjekte.
Das gleiche gilt sinngemäß von den Lustgefühlen.

Umgekehrt werden oft schädliche Ordnungen vom Organismus nicht registriert, z. B. bestimmte, das Auge schädigende
Lichtarten, geruchlose Giftgase; oder sogar als nützlich, wie
gewisse Genußmittel; die Einverleibung derartiger Stoffe ist
wohl als Anzeichen einer inneren Disharmonie anzusehen.

Im Gegensatz zu den Sinnesorganen und den sensiblen
Nerven, welche Größenordnungen von außen nach innen
bringen, transformieren die motorischen Nerven mit den Muskeln innere Größenordnungen nach außen (glatte Muskulatur
und vegetative Nerven Binnenumformungen). Am deutlich-
sten wird das, wenn man sich an Ausdrücke wie „Willenskraft"
oder „-größe" erinnert: in der Tätigkeit der Skelettmuskulatur
äußern sich seelische Ausmaße. Ohne psychischen Ansporn
bleibt die Muskulatur untätig — abgesehen von künstlichen
Reizen, die sich aber nicht vital einordnen lassen; fehlt er längere
Zeit, dann verkümmert sie. Auch der Muskeltonus (permanenter Spannungs- und Bereitschaftszustand) bedarf außer
bestimmten osmotischen Verhältnissen u. dgl. eines ständigen
Nervenreizes, ohne den die Muskeln erschlaffen und verfallen
würden. Ebenso verkümmern sie auch nach Zerstörung der zu-
leitenden Nerven. Ohne Wille und Nerv keine Muskelfaser!
Selbst das Muskelwachstum in der Jugend ist dem wachsen-
den Wunsch, Willen und Trieb unterworfen. Im Bau der
Muskeln (und ihrer passiven Werkzeuge, der Knochen), der die
Gesamtkörperform und die der einzelnen Körperabschnitte
(Mimik, Hände, Tiercharakteristik usw.) bestimmt, tritt der
Seelenstil des betreffenden Lebewesens symbolhaft zum Vorschein. Wenn die Muskulatur spärlich und durch Fettgewebe
reichlich verdrängt wird, kommt auch der Schwerpunkt des
seelischen Lebens mehr auf „vegetative" Ansprüche zu liegen
oder besser — umgekehrt. Beim Menschen tritt neben das
Skelettmuskelgewebe noch der Geist. Muskeln und Geist sind
parallele Ausdrucksformen der Seele....

86

Der Muskel ist ein zentrifugaler Größentransformator, das Sinnesorgan ein zentripetaler, von der Psyche aus gerechnet. Das gilt aber auch für die unwillkürliche Tätigkeit der quergestreiften Muskulatur, für die Reflexe. In den Reflexen vollziehen Sinnesorgan und Muskel rasche, gekoppelte Funktionen: Reizaufnahme und Umformung durch Sinnesorgan, Leitung des Transformats (elektrischer Vorgang? Reiz beispielsweise akustischer; dann Schallwellen in elektrische — wie in der Technik — Wellenzahlen und -maße; also Größenumformungen), dann weiter: Umbau in motorische Form und deren Leitung, schließlich Umbau in Form der Muskelantwort, der empfangene Reiz hat seinen Größenumlauf beendet.

Die Reizbarkeit der Pflanzen kann ohne weiteres mit der Reizbarkeit der tierischen Zelle verglichen werden, wenn auch im allgemeinen nicht mit dem hochentwickelten Wahrnehmungsvermögen der höheren Tiere; ebenso sind ihre Reflexe mit denen der Tiere zu vergleichen. Je kleiner die betreffenden Tiere und Pflanzen sind, um so ähnlicher wird auch ihr Verhalten in ihrer Empfänglichkeit für Reize und der Art der Beantwortung derselben (Reaktion, Reflexe). Trotzdem findet man aber auch bei manchen höheren Pflanzen Analogien, also Organe vor, die mit den tierischen Spezialsinnesapparaten Ähnlichkeiten aufweisen.

Ein bekanntes Beispiel hierfür ist der Tastsinn von Pflanzen (Berührungsreize). Den Aufnahmeapparat bilden dabei die Fühlborsten, Fühlzellen u. dgl. mancher Pflanzen (Sonnentau-, Kürbis-, Kaktusgewächse). Besonders die Fühlborsten sind sehr demonstrativ, da sie als Hebel wirken. Die leiseste Berührung wird dadurch verstärkt auf das Protoplasma der eigentlichen Fühlzellen übertragen (vgl. Mittelohrknöchelchen, welche die Schwingungen des Trommelfells auf das innere Ohr übertragen, und das früher über die Verwandtschaft von Tast- und Gehörsinn Gesagte). Die Einfachheit dieses Vorgangs kommt unserer Auffassung von der Transformation der Größenordnungen sehr zustatten. — Ähnlich wirken die Fühltüpfel derartiger Pflanzen. Der ganze Apparat: Fühltüpfel + Protoplasma, welch letzteres bei Pflanzen dünnflüssig ist, stellt eine kleine hydraulische Presse dar, die ja nichts anderes ist wie die hydraulische Form eines Hebels. Das Tüpfel ist eine dünnwandige Stelle der betreffenden Epidermiszelle, oft von einem Kristall unterlagert. Ein Druck auf dieser Stelle pflanzt sich durch das Protoplasma fort und erreicht die ganze übrige unbewegte und unbewegliche Wand der Zelle mit unverminderter Kraft. Der Gesamtdruck der Wandung ist also viel stärker als der ursächliche Druck, der dafür einen Weg zurücklegt (Kraft mal Weg = Arbeit, in beiden Fällen gleich).

Sehr einfache Beispiele für Größenübertragungen auf Sinneszellen bieten auch die statischen Organe, seien es nun Bogengänge (Lymphbewegung) oder Statolithen, die alle die Schwerkraft vermitteln und nebenbei bemerkt oft auch Tonusfunktion besitzen: Die Schwerkraft spannt die Muskeln, um von ihnen überwunden zu werden!

Man wird zu weit gehen, wenn man z. B. auch die Lichtkonvergenzorgane (gewölbte Epidermiszellen, die wie Linsen wirken) gewisser Pflanzen (Glockenblume, Begonie usw.) für echte Sinnesorgane hält. Aber Reizumformer sind sie auch.

Bei der Reizleitung der Pflanze werden wahrscheinlich die physikalischen Ausgangsvorgänge in chemische Größen umgesetzt, die dabei auftretenden chemischen Stoffe, die letztlich die Reizwirkung auslösen, bezeichnet man als Hormone. Bei schnell ablaufenden Bewegungen wird aber auch die Pflanze andere Reizleitungssysteme zur Verfügung haben analog den vegetativen Nerven der Tiere. Für langsame Vorgänge haben ja auch die Tiere Hormone, abgesehen von den Beziehungen zwischen Nervensystemen und Hormonen.

Der Reflex ist nach Art und Grad nichts anderes als die Kompensation gestörter oder bedrohter vitaler Größenordnungen. Der Kreis dieser flüchtigen Betrachtung schließt sich, wenn wir uns erinnern, daß in den motorischen Endplatten inkretähnliche Stoffe zwecks Reizung des Muskels ausgeschieden werden, daß der Muskel auch direkt, d. h. nicht auf dem Wege über den Nerv auf verschiedene Weise gereizt werden kann, ferner daß die endokrinen Drüsen (nervöse und drüsige Bestandteile) letztlich am Zentralnervensystem hängen (wie die Muskeln, es wird also alles in oberster Instanz von den Nerven bzw. von deren Befehlsstelle geregelt) und schließlich, daß die Inkrete selbst bestimmten Größensystemen, Kolloiden, Lipoiden und Molekülen angehören. Die Inkrete schieben sich dem-

88

nach zwischen alle Wachstums-, Bewegungs- und überhaupt tätigen Organe und dem Befehlsnerv als Vermittler ein: Transformationssubstanzen für Größenordnungen. Die chemische Untersuchung zerstört natürlich die Struktur der Inkrete — soweit sie sich nicht auf chemischmolekularer Basis bewegen — wie jede plasmatische Größenordnung. Es steht kein Hilfsmittel zur Verfügung, diese Ordnungen zu erfassen.

Außer hochmolekularen Hormonstoffen (ähnlich Vitamine, aber von außen zugeführt) spielen im Krafthaushalt des Organismus freilich auch atomistische Stoffe (Jonen von Metalloiden) eine große Rolle, und das beweist, daß die vitalen Größenordnungen sehr nahe an die anorganischen heranreichen und sich zum Teil sogar damit überkreuzen. Die eigentlichen Lebensträger sind aber noch unerforschte — wenn auch zum Teil chemisch dargelegte — „Riesenmoleküle", gewiß, oft gepaart mit einfachen Bausteinen. Biophysik und Biochemie befassen sich mit ihnen, aber ihrem inneren Wesen konnte man noch nicht nähertreten. Und selbst wenn die Synthese eines Menschen gelänge — wir würden trotzdem ein lebendes Eiweißmolekül nicht begreifen lernen, denn das sind wir ja selbst und ein Subjekt kann nicht sich selbst als Objekt umfassen, „begreifen", ebensowenig eine Kugel eine andere, gleiche in sich tragen kann; günstigstenfalls könnte sie durch ihr Rollen eine andere Masse in Rotation bringen, daß sie sich auch zu einer Kugel formt.

Das ist sehr „materialistisch" gedacht! Wir denken zum Teil heute etwas anders.

Jeder Gedanke des Intellekts wird letzlich getragen von einem unerklärbaren Gefühl für ihn. Die Gefühle sind wandelbar. Und wer weiß denn, welche tragenden Gefühle die Männer des 19. Jahrhunderts in ihrem Denken leiteten? Der Denkstil ändert sich mit dem Lebensgefühl, seiner Gußform und seinem Prüfstein. Es ist das jenes Gefühl, das man hat, wenn einem „ein Licht aufgeht", wenn man also etwas durchschaut, umfaßt, begreift. Der Denkakt ist das Werkzeug, um etwas Ungeklärtes mit diesem Gefühl in Harmonie, zur Deckung zu bringen. Nie sind die Anschauungen des Menschen auf Grund eines logischen Denkens verschieden, sondern das beruht auf der Verschiedenheit dieses tiefsten Formgefühls. Und die Wahrheit — es gibt immer nur eine vorläufige — ist dann

gegeben, wenn eine Befriedigung dieses Gefühls durch den
Intellekt zustandekommt. Daß es historische Abschnitte, also
zeitliche Unterschiede in dem Grade dieses Verschmelzungs-
vorganges zwischen Gefühl und Intellekt und der daraus sich
ergebenden Zufriedenheit gibt, wird niemand verwundern,
ebensowenig, daß sich die seelische Tiefenlage dieses Gefühls
ändern kann und daß besonders die jeweils jüngere Generation
mit größerer, da leichter erworbener Denkschärfe unbelastet
weiter vorzudringen in der Lage ist und bessere Harmonie mit
neuen Forderungen wünscht und erstrebt. Wenn in letzter
Zeit keine derartige wünschenswerte Harmonie herrscht, so liegt
das an verschiedenen Gründen. — Obwohl wir praktisch und
theoretisch — auch die Gegner, die vielfach heute noch nicht
Wissenschaft bzw. Biologie von Philosophie unterscheiden —
noch voll und ganz vom 19. Jahrhundert beherrscht und „gelebt" werden, wollen wir dieses, trotz unserer Dankbarkeit und
Hochachtung vor ihm, doch nicht rückschauend anbeten und für
neue Belange als zuständig erklären, sondern nur darauf gestützt nach vorne schauen. Man kann heute bereits an Problem-
stellungen denken, bei denen der vielgeschmähte „Darwinis-
mus" an sich gegenstandslos geworden ist und seine gutverdaute
Form als gegebener Faktor hingenommen wird. Übrigens
auch dann, wenn von den Meinungen und Anschauungen der
Männer des vergangenen Jahrhunderts das reine Gegenteil
wahr wäre, hätten sie doch eine neue, notwendige Denkart und
Denktechnik geschaffen, ohne die eine moderne Wissenschaft,
auch wenn sie schon weit darüber hinaus sein würde, nicht vorstellbar wäre. Das 19. Jahrhundert war eine der ganz großen
historischen Brücken über eine gähnende Kluft; ja, wir schreiten
noch auf ihr und wissen noch nicht den Weg; man breche sie
nicht ab, bevor dieser Weg wenigstens nicht bestimmt erfühlt,
geschweige ein weiteres Ziel erkannt ist. Wenn neue Wege
und Brücken gebaut, zu was dann überhaupt das Zurück-
gelegene abbrechen? Handelt es sich denn um einen Rückzug
mit Feindesverfolgung? Die angeblichen Feinde, die sog.
„ewig Gestrigen" unter uns, können einen echten, zielbewußten
Lauf nicht hemmen, würden einfach zurückbleiben, und man
würde ihrer gewiß nicht achten. Man kommt nur nicht los von
ihnen, weil man selbst noch auf der alten Brücke zu „stehen"

90

gezwungen ist. Oder hätten wir vielleicht eine bessere Brücke erbaut? Dazu ist heute noch Gelegenheit; dazu bedarf es aber Baumeister und keiner Abbrecher. —

Typisch für die Vergesellschaftung der kolloidalen und kristalloiden Größenordnung sind die „Lebensstoffe" Blut und Milch, welch letztere als Abkömmling von Blut und Lymphflüssigkeit betrachtet werden kann. Hämoglobin, der wesentlichste Bestandteil des Blutes, setzt sich zusammen aus einem Eiweißkörper, Kolloid, und einem Farbstoff, Kristalloid. In der Milch sind alle „Lebensgrößen" nebeneinander vertreten: Eiweißstoffe, Fette, Kohlehydrate, Wasser, Mineralsalze und nicht zu vergessen Vitamine, diese von der Pflanzenwelt fertig stammenden „Hormone".

Ein alltäglicher Vorgang, die Reinigung von Gegenständen mit Seife, demonstriert vergleichsweise sehr schön den Umfang der vitalen Größen. Der Schmutz — ebenfalls eine Frage der Größenordnung! — wird durch die Seife nicht bloß chemisch, sondern auch physikalisch gelöst und beseitigt. Chemisch wirkt die mit Wasser gebildete Lauge, physikalisch, kolloidal der Seifenschaum. Der Schaum ist die zur Wirkung gelangte Oberflächenspannung der Seife: Oberflächenentwicklung und -dynamik (vgl. Fettemulgierung durch Galle und Schaumstruktur des Plasmas).

Ein Gegenstück zu diesem Lösungsvorgang bildet der Bindevorgang des Leimes, der auch ein organisches Produkt (Glutin, aus Kollagen) ist und als Kolloid die bekannte Haftkraft entwickelt: Größenordnung der Teilchen, Oberflächenattraktion.

Stellt der lebende Organismus ein bestimmtes Mischungsverhältnis von diesen Größenordnungen dar, so ist vielleicht die Erbmasse als Konzentration derselben aufzufassen, die sich beim Wachstum entfaltet. Wenn beim Vererbungsgang und überhaupt bei der Fortpflanzung nicht die absoluten Größen und Kräfte, sondern nur die verhältnismäßigen richtunggebend wären, dann hätte die alte Evolutions- oder Präformationstheorie eher zu Recht bestanden. Man könnte sich dann in jedem Samen das vorgebildete Lebewesen in kleinerer Form, in diesem ein noch kleineres usw. vorstellen und die ganze belebte Natur als bloße Entfaltung und Vergrößerung von Anfang her. Jede Art könnte dann allerdings nur so viele Generationen hervorbringen, als mit einemmal ineinander gesteckt worden sind; die jeweils kleinste wäre die letzte, aber doch gleichalterige, ein Aussterben nur dann vermieden und eine ewige Wiedergeburt nur dann möglich, wenn die Zahl der präformierten Generationen endlos und damit die Größenordnungen der letzten (zeitlich; räumlich die innersten) Glieder sich im Bereiche der „unendlichen Kleinheiten" bewegen würden. Damit wäre auch nur eine ganz andere Vorstellung über den Aufbau der leblosen Materie (Moleküle, Atome, Quanten) in Einklang zu bringen. Die Präformationslehre stellt eine äußerst mechanistische Auffassung des Lebens dar. Ebenso wie sie, scheitert ein Vergleich des Lebens und seiner Funktionen mit einer Maschine an dem „Absolutismus der Größen". Die Maschine arbeitet mit anderen Größenordnungen als den vitalen, sie transformiert die chemischen Vorgänge ohne Übergang in große dynamische Einheiten und umgekehrt. Das Leben aber bewegt sich sozusagen auf einem Grenzstreifen zwischen Chemie und Mechanik und schlägt nach beiden Seiten aus.

Die letzten biologischen Größenordnungen.

Abgestimmtsein der Makro- und Mikrokräfte und -größen bedingt das Leben.

Je kleiner die Ausmaße der anorganischen oder organischen Körper werden, desto rapider nimmt die Oberfläche relativ zu und desto intensiver werden die damit zusammenhängenden Kräfte.

Noch vor Erreichung der molekularen Größen, aber schon unter den Ausmaßen der Zellen der eigentlichen Pflanzen und Tiere befindet sich die Welt der Bakterien (und Virusarten). Ist es Zufall oder hängt es mit Größenverhältnissen zusammen, daß gerade diese kleinstmöglichen Lebewesen einerseits unentbehrlich sind für die Vermittlung von Leben und Tod, indem sie den Kreislauf der Stoffe in Gang halten, den toten Punkt, die Entropie überwindend, anderseits durch ihre Pathogenität soviel höheres Leben zerstören? Geradezu symbolisch hierfür ist die Tatsache, daß den nützlichen Nitrifikationsbakterien die

92

schädlichen Denitrifikationsarten so nahe stehen: Erstere schaffen durch stufenweise Oxydation der Abfalleiweißstoffe die von den Pflanzen aufnehmbaren Nitrate, letztere reduzieren die Nitrate zu freiem, flüchtigem Stickstoff, der aber wiederum vom Bacillus radicicola eingefangen und den Pflanzen überreicht wird.

Von dem außerordentlichen Kräfteübergewicht der „Kleinheit" gegenüber der „Größe" sind besondere Leistungen, ein starker Einfluß auf Systeme einiger weniger feinen Größenordnung zu erwarten und nur die Überbietung oder, besser gesagt, die Unterbietung kann dagegen aufkommen (Antikörper, Heilseren, Antitoxine. Gegen tierische Parasiten und chemische Gifte, also größere und kleinere Gebilde, ist kaum eine gleichartige Immunität zu erzielen; jeder spezifische biologische Vorgang an Größenordnung gebunden. Tierische Parasiten bereits Zelle oder Zellstaat, also gleiche innere Größenordnung wie Wirt). So wäre der Kampf des höheren Tierkörpers gegen Krankheiten, auch wenn sie durch nichtbakterielle Zerstörung lebensnotwendiger Größenordnungen hervorgerufen worden ist, ein gegenseitiger Kampf von Größenordnungen; Entstehung, Werden, Wachstum und Leben eines Wesens aber die Umformung der toten Größenordnungen in lebende, Umwandlung der anorganischen Größen in organische. Die Pflanze beginnt mit diesem Verwandlungsvorgang, indem sie aus Wasser, Luft und Erde organische Stoffe bildet und damit den Tieren den Tisch deckt, die mit dem Feuer ihres Lebens ständig die gebotene Speise verbrennen, verzehren und den Stoff- und Energieabfall der Umwelt zurückgeben und schließlich sich selbst, als Leiche. Hier setzt nun das Spiel der Bakterien ein; es ist ein Zwischenspiel im wahrsten Sinn, der absteigende Ast der Größenordnungsfolge, der allerdings schon am lebenden Tier in Form der Krankheitserreger und Krankheiten seinen Ursprung haben kann. Vorher allerdings hat sich ein aufsteigender Ast, das Keimplasma, als Katalysator der vitalen Größenbildung abgespalten.

Einige neuere Forscher betrachten z. B. ein Bakterium nicht als eine Zelle in landläufigem Sinne, sondern als eine niedrigere Organisationsstufe, aber nicht als die niedrigste. Die letzte biologische Einheit wäre demnach nicht — wie bisher angenommen — die Zelle, sondern Urkörnchen (Protit), die, vielmal kleiner als eine Zelle, einheitlich und homogen aus Molekülen aufgebaut sind und sich in fortschreitender Vergesellschaftung zu Systemen und schließlich zur Zelle formen. Diese zelluläre Entwicklungsgeschichte arbeitet auch bereits mit einer eigenen Nomenklatur für die einzelnen Entwicklungsphasen unterhalb der Zelle (Vorzellstadien), in deren Aufbau die Grundelemente und Baustufensysteme noch zu erkennen seien. Man will sogar von mancher Seite schon den Kolloiden ein „Gedächtnis" zusprechen, also eine Fähigkeit, die nur Lebewesen äußern können, eine Fähigkeit, die darin besteht, daß ein Etwas auf eine gleiche Ursache infolge einer vorausgegangenen Einwirkung anders reagiert als ohne diese. So ändern Kolloide ihre Eigenschaften mit Alter, Temperatur, durch elektrische Einflüsse u. dgl. Aber dann müßte man irgendwelche Änderungen im Verhalten eines Stoffes als „Gedächtnis" buchen: z. B. das Lahmwerden einer Feder, die Metallkrankheiten (Zinnpest), die Hysteresis unvollkommen elastischer Stoffe, kurz alle irreversiblen Zustandsänderungen. Das wäre aber nicht vereinbar mit dem Begriff „Gedächtnis" der Lebewesen, die im Gegensatz zur anorganischen Natur gerade durch die Konstanz der Form sich auszeichnen. Eher wären diese molekularen und kolloidalen Materialveränderungen der Ermüdung der Lebewesen vergleichbar. Die Ermüdung an sich kann aber nicht als Gedächtnis bezeichnet werden, sie ist nur der Reiz zu dieser psychischen Funktion. Lebewesen, denen jede Psyche abginge, würden freilich auch auf Ermüdung reagieren, insofern diese aus rein energetischen Gründen eine Betätigung verhindert. Im übrigen ist auch die Ermüdung der Lebewesen keine dauernde, sondern — normalerweise — eine reversible Zustandsänderung, die eine vollkommene Rückkehr zur vitalen Größenordnung der betreffenden Organe erlaubt.

Ein Gegenstück zu den Forschern, die die Zelle bereits als ein gewisses Endglied einer ontogenetischen und phylogenetischen Entwicklung halten, sind jene, die in der Zelle, speziell in den Protozeen verkleinerte Metazoen erblicken. Man hat von Neurophanen (Zellnerven) und Myophanen (Zellmuskeln) gesprochen bei Auffindung gewisser fibrillärer Strukturen des Plasmas. In der Tat ist es verführerisch, die gut organisierten

Urtierchen mit ihren Organellen nicht als eigentliche Einzeller, sondern als Metazoenzwerge eigenster Prägung gelten zu lassen. Vielleicht kann man sich dahin einigen, daß man sagt: Die bestorganisierten Vertreter der Protozoen bedienen sich zum Teil solcher Funktionselemente, die in entsprechenden Geweben der Mehrzeller ein Analogon finden, wobei aber die spezialisierte Gewebszelle im wesentlichen nur aus gleichen Funktionselementen aufgebaut ist und somit erst das ganze höhere Lebewesen und nicht dessen einzelne, homogene Zelle das funktionelle Analogon zum Einzeller ist. Grob, aber deutlich kann man sich den Verhalt klarmachen, indem man sich vorstellt, daß die einzelnen Funktionselemente eines Einzellers auseinanderfallen und jedes für sich wuchert und zu einer Zelle wird, die sich unter Beibehaltung ihrer morphologischen und physiologischen Eigenart vermehrt und ein Gewebe bildet. Die so entstandenen Gewebe würden in physiologischem Zusammenhang ein höheres Lebewesen ausmachen. Z. B. würde die pulsierende Vakuole als Funktionselement zu einer Nierenzelle heranwachsen, diese zum Nierengewebe und mit anderen Gewebsarten zum Nierenorgan, zur Niere; oder eine kontraktile Fibrille würde sich vermehren, ein Bündel derselben eine Muskelfaser (-Zelle) und mit fortschreitender Vermehrung und Bündelung ein Muskelgewebe und schließlich -system bilden; das Funktionselement, die Fibrille, würde für das Protozoon so viel bedeuten wie die Billionen Fibrillen, die in einem Muskelsystem etwa enthalten sind, für das Metazoon; auf keinen Fall ist eine Muskelzelle (= Faser) dem Einzeller gegenüberzustellen, jedoch sind die Fibrillen der beiden Tiere vergleichbar. Das einzellige Tier baut sich auf aus verschiedenen Funktionselementen, das mehrzellige Tier aus Bündeln solcher Elemente. Es ist einleuchtend, daß man eher ein Miniaturmosaik (Einzeller) mit einem nach Farbe und Ausmaßen proportionalen Riesenmosaik vergleichen kann als mit einem einzigen Stein (Zelle) des letzteren, wenn er auch absolut so groß ist wie das ganze erstere.

Die Abgrenzung der Funktionselemente und ihre Zusammenfassung auf zellulärem Wege ergibt die drei Organisationsstufen (Zelle, Gewebe, Organ) der Mehrzeller und die damit verbundene Spezialisation und Leistung. Daß wir obige Vorstellungen nur als unbegründetes Gedankenspiel auffassen, liegt daran, daß die Zellen der Gewebe und nicht das höhere Tier sich annähernd in der absoluten Größenordnung der Einzeller bewegen und wir unbewußt dieser Größengleichheit großes Gewicht beimessen — und das mit vollem Recht, wie sich aus früheren Betrachtungen ergibt: Mag auch die Verschiedenheit eines Einzellers von der Gewebszelle noch so groß sein, in Statik und Dynamik leben sie auf gleicher Basis und Höhe und keine Organisation kann diese Gleichheiten auslöschen oder überwinden. Außerdem verrichtet jede Zelle neben ihrer Spezialaufgabe gewisse Grundfunktionen zur Fristung des Eigenlebens und auch hierin ähneln sich die Zellen der Ein- und Mehrzeller.

Interessant sind auch die Rädertiere (Rotatorien), die sich bekanntlich ganz ähnlich wie die Protozoen verhalten und auch einen ähnlichen Eindruck machen. Sie stellen wohl die kleinste Größenordnung vor, in welcher noch Gewebe und Organe, also Zellkomplexe mit spezialisierten Funktionen auftreten können, und bringen uns dem erwähnten Analogiegedanken näher. Jedermann wird zugeben, daß zwischen einem Einzeller höherer Art (z. B. Infusorium) und einem derartigen niederen Wurm ein kleinerer Unterschied besteht als zwischen letzterem und einem Säugetier, obwohl im ersten Fall sich Einzeller und Mehrzeller und im letzteren Mehrzeller und Mehrzeller gegenüberstehen. Dagegen erscheint es sehr fraglich, ob der Abstand zwischen Bakterium und hochentwickeltem Einzeller weniger groß ist als derjenige zwischen einem solchen und einem mittelmäßigen Mehrzeller.

Vieles zeigt ein starkes Abweichen der Bakterien von der übrigen Lebewelt an. Erinnert sei nur an ihre große Resistenz gegen Chemikalien (Schwierigkeit der Asepsis, Antisepsis, Desinfektion), Hitze, Trockenheit, Kälte, Druck. Die Sporen mancher Spaltpilze überstehen die Behandlung mit kochendem Wasser. Trockene Samen einiger Pflanzen halten allerdings auch vorübergehend 100° C aus, aber nur Trockenhitze. Für die sog. thermophilen Bakterien ist sogar die günstigste Temperatur 50 bis 60° C. Alles Zeichen, daß die Bakterien der molekularen Welt nahestehen. Desgleichen deuten Lichterzeugung (Phosphoreszenz; faulendes Holz; zum Teil auch

Meeresleuchten; Fischkörper: Bacterium phosphorescens; alte Fleischstücke: Micrococcus phosphoreus), Zelluloseverdauung, Schwefelbildung (Spirillum sanguineum und Beggiatoaarten aus Schwefelwasserstoff durch Oxydation Schwefelkörnchen im Innern), Eisen- und Manganspeicherung (mancher Leptotrichazeen), die Bindung freien Stickstoffs aus der Luft durch Bacillus radicicola in den Wurzelknöllchen der Leguminosen, die Salpeterbildung auf dem Wege der Nitrifikationsstufen, kurz diese ganze Stickstoffvermittlung auf dem Grenzgebiet zwischen Tod und Leben — das alles deutet auf Leistungen hin, die anorganischen Kräften, Stoffen und Vorgängen verwandt sind und daher auch in der Technik des Menschen vielfach Nachahmung (Stickstoffdünger, Zelluloseaufschließung) gefunden haben. Wissenschaft und Technik! Aber diesmal — Bakteriologie und Technik!

Abgesehen vom Myzel des Hallimasch, dieses Baumschmarotzers, ist das Leuchten von eigentlichen Pflanzen kein Selbstleuchten, sondern eine Reflexion des von außen kommenden Lichtes, wie das beim Vorkeim des Leuchtmooses der Fall ist. Dieser besitzt geradezu „optische" Zellen, in denen die auftreffenden Lichtstrahlen zu den am Grunde liegenden Chlorophyllkörnern gelenkt (das ist der Zweck!) und zum Teil in ähnlichem Strahlengang wieder zurück- und herausgeworfen werden (Nebenerscheinung) (Abb. 17).

Abb. 17. Strahlengang in einer „optischen" Zelle.
  a = einfallende Strahlen.
  b = reflektierte Strahlen.
  c = Chlorophyllkörner am Grunde des Zelle.

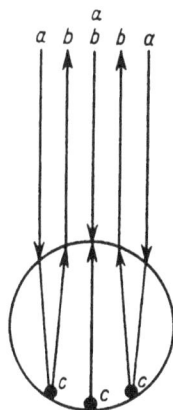

Der Sonne, der „anorganischsten" Kraft, sind die Mikroben nicht gewachsen. Das hat seinen Grund wahrscheinlich darin, daß die Kleinlebewesen gewissermaßen nur noch Oberflächen und keine Körper mehr darstellen und infolgedessen sowohl in den aktiven wie passiven Funktionen sehr intensiv wirken. So ein Bakterium — der Sonne ausgesetzt — wird in seiner ganzen

Ausdehnung, in allen seinen Molekülen vom Licht durchflutet, und das weiße Licht wird einen ähnlichen Einfluß darauf ausüben wie etwa die Röntgenstrahlen auf ein tierisches Gewebe. Immerhin sind sie, so betrachtet, doch auch gegen Licht sehr widerstandsfähig.

Vom Standpunkt der Größenordnung mag man sich auch der Immunitätslehre und der Lehre von den Enzymen erinnern; ebenso an Gebiete wie Gärung, Fäulnis, Verwesung und Vermoderung.

Alle diese Vorgänge laufen großenteils innerhalb einer Größenordnung ab, die Gegenstand der Biochemie ist. Es ist bekannt, daß die organischen Moleküle oft Ausmaße haben, die mit denen mancher Mikroben verglichen werden können. Bei all den erwähnten Vorgängen aber werden sie zerstört, aufgeteilt, kleingespalten, abgebaut zu Molekülen der anorganischen Chemie. Jede vollständige Oxydation der organischen Körper führt zu einfachsten Verbindungen, besonders zu Kohlensäure und Wasser. Beim Aufbau, bei der Kohlensäureassimilation der Pflanzen wird umgekehrt aus Wasser und Kohlensäure der Grundbaustein, die Formose, gebildet mit Hilfe der — bakterienfeindlichen — Sonne. Aus Formose bündeln sich dann die höheren Zuckerstufen. Die Sonne ist also die Kraft des Aufbaues und die Zerstörerin der Zerstörer. In der Sonne berühren sich die Spitzen der anorganischen und organischen Welt: Aus ihrem anorganischen Leib strömt — umschlagend — die Lebenskraft und Urkraft der ganzen belebten Natur, deren Anfang (Pflanze) sie am meisten liebt und deren Ende (Pilze, Bakterien) sie am meisten haßt.

Die Hefe, biologisch gesehen ein großer Schmarotzer — wie alle Saprophyten! — lebt von der Zerstörung der großen, schön konstruierten Zuckermoleküle und zerlegt sie in die kleinen Alkohol- und Kohlensäuremolekel, die für das Leben der Tiere unbrauchbar und schädlich sind. Alle Lebewesen, die hauptsächlich Moleküle zerkleinern, kleinere Größenordnungen schaffen, sind Genießer der von der Pflanze erbauten großen Energiebehälter. Die Pflanze aber ordnet diese Moleküle weiter zu Gruppen oder Micelle, die zusammen mit Wassermolekülen und den in dieser Größenordnung auftretenden Adhäsionskräften (auch = Sonnenkraft wie Elektrizität usw.) ein ge-

98

spanntes System, die Zelle bilden. Äußerlich, transformiert in eine sichtbare Größenordnung, treten diese Adhäsionskräfte in Erscheinung z. B. in Form des Quellungsvermögens. Man weiß, welch große Kräfte trockene, mit Wasser versetzte Pflanzen und Pflanzenteile, Holz und Samen entwickeln können. Den Druck, der durch die wasseranziehenden Micelle auf die Zellwand ausgeübt wird, nennt man Turgor, Saftdruck. Bei Wassermangel geht er zurück: Welken, die Spannung hört auf. Dieser Saftdruck besteht zum Teil auch aus osmotischem oder Lösungsdruck der nächstfolgenden, kleineren, molekularen Größenstufe. Das Plasma ist ja ein Gemisch von echter und kolloidaler Lösung. Die kleinere Größenordnung übertönt und beherrscht die größere, kolloidale. Wenn nämlich vollsaftige Pflanzenteile in eine hypertonische Lösung (konzentriertere, mit höherem osmotischem Druck) gebracht werden, so tritt entgegen der kolloidalen Attraktionskraft Wasser aus, sie schrumpfen, welken inmitten der Flüssigkeit, genau so, wie mitten im Meer ein Landlebewesen an Wassermangel zugrunde gehen kann. Molekulare, d. h. Jonenlösungen sind wirkungsvoller als kolloidale: Die Oberflächenenergie hat sich zu Elektrizität verdichtet in den Ladungen der Atome (Jonen). Fehlt das Lösungsmittel, dann tritt diese Energie in Form der chemischen Affinität, der Oberflächenhaftkraft der Atome, der Molekülbildung der Elemente zutage. Vielleicht ist sogar die Kolloidbildung als eine über die Grenzen des Moleküls hinausgehende Affinität anzusehen, da gerade solche Moleküle, die nicht löslich, also nicht spaltbar sind, in kolloidale Form übergeführt werden können....

Dieser Saftdruck kann in einer Pflanze bis zu 20 Atmosphären erreichen, meistens übersteigt er aber keine 5. Er steigt nicht etwa einfach mit der Größe der Pflanze. Dazu wäre auch der Druckspielraum — zwischen 5 und 20 Atmosphären — in Hinblick auf die ungeheuren Größenunterschiede der Pflanzen nicht ausreichend oder angemessen. Tatsächlich gibt es große Pflanzen mit geringem Saftdruck und kleine mit hohem und umgekehrt. Man sieht auch hier, wie große und kleine Lebewesen mit gleichgroßen Elementarkräften und -maßen arbeiten. Der größte Baum besteht aus keinen größeren Molekülen, Kolloiden, Zellen, besitzt keinen höheren osmotischen Druck

7*

oder Saftdruck. Genau so verhalten sich die Gewebe der Tiere
bezüglich Tonus, Blutdruck usw.

Die letzte uns vorstellbare Größenordnung ist die anorga-
nisch-molekulare bzw. atomistische (Elektronen), in der nach
allem die größten Kräfte verborgen sind; sie ist die totale unzer-
störbare Kraftwelt, die Basis aller anderen Ordnungen.

Ihre Kräfte sind aber nur bis zu einem gewissen Grade auf-
schließbar und sie formen sich gegebenenfalls zu chemischen Kräften, Feuer, Elektrizität, Explosion, Wärme, Licht, Dampf usw.
Ganz aufgeschlossene Materie wäre stofflos und reine Energie.

Die Moleküle ordnen sich zu größeren Gemeinschaften
und schaffen so die erfaßbare körperliche Welt mit allen ihren
Eigenschaften, von der Konsistenz bis zur Farbe, vom Aggregatzustand bis zur Osmose. Und je weiter die Zusammenfassung
und Verschmelzung der Systeme fortschreitet, je dichter sie
werden, um so mehr verlieren sie an bewegter Kraft in sich, um
so träger werden sie, um so mehr gewinnt die Massenanziehung
über sie: Die „Raumkraft" wird zu Schwerkraft — wenn sich
nicht das Leben dazwischenschaltet, das in der Pflanze den
Stoff und im Tier die Kraft entfaltet. Die Kraft der Tiere
aber ist auch Raumkraft, Bewegung im Raum. Und zum
zweitenmal kann Raumkraft der Schwere verfallen, nämlich
dann, wenn die Größe eines Tieres keine Bewegung mehr
erlaubt, wenn das System ruht. Alles Leben ist der Schwere
entgegengerichtet, alles Tote wird von ihr beherrscht. Leben
und Schwerkraft sind die zwei Pole der Erde; Muskeln und
Geist aber die Werkzeuge des Lebenswillens, des Willens, die
allgegenwärtige und stets drohende Schwere zu überwinden.
Wenn etwas dem Tode geweiht ist, wenn der Lebenswille
zerstört und die Existenz eines Lebewesens vernichtet wird,
dann spricht man mit Recht von einem „Verfall", denn alles
Fallen wird von der Schwere hervorgerufen; was ihr anheim-
gestellt wird, fällt; auch die Ausdrücke „Zugrundegehen",
„Untergehen" deuten dasselbe an. Trotzdem aber ist das Leben
kein schwächeres Prinzip als die Schwerkraft. Es „verfällt"
nichts ganz. Denn vor dem gänzlichen Verfall greift jene
Größenordnung des Lebens ein, die der Schwerkraft nicht
unterworfen ist: die Kleinlebewelt. Sie fängt das Fallende auf
und steuert es zurück zu neuem Aufstieg, Aufflug.

100

Alle sichtbaren und unsichtbaren Zustände und Vorgänge der toten und lebenden Welt sind Produkte absoluter Größenordnungen. Die mächtigsten Kräfte zum Antrieb des Lebens gehen aus kleinsten Größensystemen hervor: z. B. der Stoff- und Energiewechsel ist an solche gebunden. Die mächtigsten Größensysteme, die Riesengebilde von Lebewesen zerstören das Leben. Dieses wird aber nicht von der kleinsten Größenordnung (Moleküle) in seiner ganzen Ausdehnung bestimmt, sondern großenteils durch höhere. Es erstreckt sich von der molekularen über die kolloidale zur Zelle und zum Zellverband. Es ist eingeschlossen zwischen lebensfeindlichen Ordnungen: Die unteren möchten es durch Übermaß oder Mangel an Dynamik (chemische Kräfte, Hitze, Kälte) vernichten, der Schwerkraft überlassen, die oberen, die Riesenmaße, liefern es infolge Kraftverlustes und unmöglicher mechanischer Verhältnisse dem gleichen Schicksal aus. Je nachdem, ob es dabei Leichen gibt oder sofort — nach Verbrennungen — Gase und Asche, greifen entweder die Pflanzen (und Knöllchenbakterien) oder die Vermittler- mikroben in den Kreislauf zur Wiedergeburt der Lebensord- nung ein. Eine Verschiebung nach oben oder unten löscht das Leben aus: Es gibt kein Lebewesen mit molekularen Ausmaßen und keines überschreitet nach oben eine bestimmte Größe. Das Leben liegt innerhalb absoluter Todesgrenzen.

Der Tod ist die Auflösung und Zerstörung organischer Größensysteme, ein Absinken auf die stabilere Stufe der „un- sterblichen Mikroben", die Organisches in Anorganisches über- führen und auf die molekulare Größenordnung zurückbringen. So wird der Pflanze der Weg zu neuem Aufbau bereitet. Sie schöpft ja Kraft und Stoff aus molekularen Systemen, ist also der Anfang des Lebens und des Kreislaufes der vitalen Größen- ordnungen. Die Zersetzungsmikroben sind das Ende, weder Pflanze noch Tier, sondern ein Drittes.

Wie notwendig für die Pflanze, besonders die Kultur- pflanze, bestimmte Größenordnungen sind, geht aus der Be- deutung der Bodengare hervor.

Man versteht darunter, kurz gesagt, einen gewissen Zu- stand des Acker-, Garten- oder Waldbodens sowohl im physika- lischen wie chemischen und biologischen Sinne. Ein Boden ist „gar", d. h. fertig, bereit (wie die Speise zum Essen), wenn das

Erdreich „Krümelstruktur" besitzt. Die Erdteilchen haben dann eine bestimmte Größe und hängen in einer gewissen Ordnung beisammen, bilden kleinere und größere, lockere Komplexe, die wiederum lose miteinander verbunden sind. Das Ganze bildet also ein Größensystem, zu dem nicht jeder Boden geeignet ist; z. B. reiner Sand oder auch Ton sind ungeeignet und daher schlechte Böden, mit Humus dagegen werden sie zu guten, zu garfähigen. Damit aber diese „Gareordnung" einigermaßen stabil bleibt, sind neben der physikalischen Beschaffenheit auch chemische Zustände und Vorgänge an sie geknüpft, also molekulare, die einmal die Grundlage der physikalischen Seite überhaupt abgeben (Art des Bodenmaterials), dann aber auch zwischen den Krümeln erforderlich sind. Da sind — um nur ein paar chemische Faktoren zu nennen — wichtig: Die Azidität (Säuregrad), die Löslichkeitsverhältnisse, die Kolloidstruktur, der Jonenhaushalt, Neutralisationen. Sowohl die physikalischen wie chemischen Zustände und Vorgänge werden wiederum beherrscht von der Bodentemperatur, den Feuchtigkeitsverhältnissen u. dgl. Das gleiche trifft auf die Biologie des garen Bodens zu: er ist belebt von einer Unmenge kleiner und kleinster Pflanzen und Tiere (Edaphon), die durch ihre Tätigkeit, Gasbildung (vgl. Lockerung des Teiges durch die Kohlensäurebildung des Hefepilzes; der Ausdruck „Gare" ist aber nicht identisch mit „Gärung"), Nitratbildung, Wühlen u. dgl. am „Garwerden" mächtig mitarbeiten. Das tut aber auch der Mensch, der Landmann (und Gärtner; der Forstmann „sollte" es tun), indem er pflügt, die Scholle über Winter durchfrieren läßt, dann eggt u. dgl. und so dieser kleinen „Garewelt" im Groben unter die Arme greift. Ein garer Boden (am besten durch Brache zu erzielen) sieht etwa aus wie ein älterer, mit einem grünen Algenüberzug versehener Maulwurfhaufen (der allerdings „übergar" ist), ist nicht ganz so locker, etwas elastisch, dunkel, strömt einen Erdgeruch aus, fühlt sich leise feucht und bröcklig-krümelig an. Das Gegenteil eines garen Bodens ist der des Stoppelfeldes: Die wachsende Pflanze hat die Gareordnung zerstört, verbraucht, verdaut, für sich verwertet, umgewandelt in arteigene Größenordnung. Alle Bodenbearbeitung zielt daher auf Gare ab. Die Größenordnungen der menschlichen, tierischen oder Maschinenarbeit werden zu Gareordnungen, diese zu „Pflanzenordnungen". Die Gare umspannt alle Größenordnungen von der molekularen (Jonen der Boden-salzlösungen usw.), kolloidalen, mikrovitalen bis zur sichtbaren. Der gare Boden ist den Wurzeln und Wurzelhaaren der Pflanze, diesen Bodenkontaktorganen, innig angepaßt und umgekehrt, ohne der Atmosphäre den Zutritt oder den Bodengasen — je nach Luftdruck, Erdgeruch verschieden stark — den Austritt zu verwehren.

An diesem Beispiel ist deutlich zu erkennen, wie zwei Größensysteme — Erde und Pflanze —, die in ihren absoluten inneren Ausmaßen zweifellos festgelegt sind, also keine gene-relle Vergrößerung oder Verkleinerung vertragen würden, in lebenswichtiger Weise aufeinander abgestimmt sind und eine Abzweigung bilden im allgemeinen Kreislauf der Größen-ordnungen.

Die Pflanze baut die Größenordnung der Gare ab und gewinnt so — neben der Sonnenenergie — Kraft (Oberflächen-energien an Berührungsstelle zwischen garem Boden und Wurzelhaaren) zum Aufbau ihrer eigenen Lebensstoffe, d. h. ihres Plasmas, ihrer arteigenen plasmatischen, intrazellulären Größenordnungen und damit ihres ganzen, formbestimmten Körpers. Größenordnungen können also unter Umständen Energiequellen sein.

Und die Energiequelle des Tieres ist die Pflanze. Das Tier lebt ausschließlich von der pflanzlich-plasmatischen Größen-ordnung (natürlich mittelbar auch die Fleischfresser). Die Spannkräfte der Nahrung des Tieres werden durch Abbau ge-wonnen. Der Kraftverbrauch des Tieres ist ein Abbau seiner eigenen plasmatischen (kolloidale Oberflächenenergien) Ruhe-struktur, eine Zerstörung vielleicht von intrazellulären Adhä-sionsspannungen und -gefällen (auch elektrischen), kurz, die Arbeit des Tieres, die Bewegung ist ein Transformat dieser plasmatischen Größenordnung, die dabei verbraucht wird und ersetzt werden muß. Die Größenordnung der Pflanzenstoffe liegen dem — herbivoren — Tier am nächsten. Die Verdauung ist die letzte Aufbereitung zu arteigenen Größen, die nun unter Abbau in Bewegungs- (Muskel) oder in geistigen Größen, also in diametral einander gegenüberstehenden, aber doch parallel geschalteten und formal von der Psyche beherrschten

Vorgängen zutage treten. So lange noch kein Kraftüberschuß im Tiere ist, um die pflanzliche Ordnung zu assimilieren, ist es auf genau abgestimmte Nahrung, die Muttermilch, das Ei, angewiesen. Wie das Ohr den Schall transformiert und dieser weiterhin durch das Gehirn auf das Bewußtsein „niedergespannt" wird, so findet auch eine stufenweise Größenumformung von der Pflanze, genauer vom Pflanzenplasma her, in absteigender und aufsteigender Weise bis zu den tierischen bzw. menschlichen Äußerungen statt.

Der Mensch pflügt. Also lebt er buchstäblich, von langer Hand her allerdings, von seiner eigenen Arbeit. Kreislauf der Größenordnung!

Ein leicht zu begreifender Ausschnitt aus diesem Kreislauf ist die Transformierung der Mikrobewegungen der Zellen in die Makrobewegungen der Organe: durch Summation. Z. B. bewirkt das Zusammenarbeiten von vielen der kleinen, glatten Muskelfasern weitausgedehnte Bewegungen (Peristaltik des Darmes); die winzigen Tröpfchen der Drüsenzellen oder der Niere vereinigen sich zu wahren Strömen. Darin liegt der Sinn eines Gewebes. Die Muskelbewegung schafft umgekehrt wieder Wärme, molekulare Bewegung, soweit sie nicht von dem bearbeiteten Material in Form von Strukturwandlungen (Pflügen) aufgenommen wird. Wenn man z. B. etwas durchschneidet, schafft man neue Oberfläche und dadurch Oberflächenkräfte. Die Häckselmaschine schafft Oberfläche, erspart dem Pferd oder dem Rind Verdauungs-(Kau-)arbeit.

Innerhalb des Spielraums der möglichen organischen Größensysteme entfalten sich die zahlreichen Tier- und Pflanzenarten. Vielleicht ist das Prinzip der Individuation ein Ausfluß und Abdruck dieser Größensysteme und die Erfüllung ihrer Mischungsmöglichkeiten. Es liegt auf der Hand, daß nur durch die Mannigfaltigkeit der Arten das größte Lebensquantum, die größte Zahl der insgesamt lebenden Zellen in Flora und Fauna, aber auch die reichste Erlebniswelt, als subjektive Bedingung der Vielgestaltigkeit des Seins, erreicht werden können und so im ganzen betrachtet die Nachteile der großen und kleinen Zellstaaten auch ohne die jeweiligen Vorteile behoben werden. Die Natur strebt weder nach Erhaltung noch nach Entfaltung des Individuums, also auch nicht nach Erhaltung der

104

Art — das ist ihr nur Mittel zum Zweck —, sondern nach dem größtmöglichen Lebensschauspiel innerhalb der organischen Größenordnungen und experimentiert dauernd an der Verschiebung dieser Grenzen, an der Überwindung des Anorganischen und des drohenden entropischen Ausgleichs. Wie sie dabei im einzelnen vorgeht, ist zum größten Teil und zutiefst verborgen.

Vielleicht ist die Technik des Menschen ihr alluvialer Versuch zum Gigantismus wie ehemals die Saurier. Die Völker sind gewachsen, die Früchte des Bodens wurden vermehrt, die lebentötende Schwere überwunden, der Raum der Erde gewonnen — wenngleich verkleinert — und die „tote" Kraft der Sonne mehr denn je in breiten Lebensstrom, in Größenordnung des Lebens verwandelt. Bei den Sauriern wucherte der Muskel, das Fleisch. Beim Menschen aber der Geist. Technik ist Geist, ausgeströmte, „fleischgewordene" psychische Größenordnung.

Die durch alle Erscheinungen sich durchziehende Herrschaft der absoluten Maße bedingt das „Sosein" der Welt. Jede proportionale Veränderung der geometrischen Dimensionen eines toten oder lebenden Systems zieht notwendig eine unproportionale Veränderung der statischen und dynamischen Maße und somit eine Veränderung aller inneren und äußeren Beziehungen nach sich.

Würde dagegen eine vollkommene, vom absoluten Ausmaß unabhängige Relationsharmonie den Systemen innewohnen, dann wäre eine bis zur Atomgröße räumlich geschrumpfte Welt ohne weiteres vorstellbar; dann würde sich alles, Ausdehnung, Kraft usw., „entsprechend" verringern. Umgekehrt wäre dann auch eine beliebig vergrößerte Welt möglich; es gäbe keine absoluten Grenzen weder nach oben noch nach unten, und eine unendliche Zahl von Möglichkeiten realisierbarer Welt- und Lebensgrößen, die — in sich — einander alle gleichwertig wären; die Lebewesen dieser verschiedenen Welten würden alle gleichermaßen „ihre" Welt empfinden; was aber auf der einen Welt 1 Meter, das wären auf der anderen 10 Meter usw., eine „absolute Wahrheit" gäbe es nicht.

Würden aber die Maße und Kräfte anders als in Wirklichkeit aufeinander abgestimmt sein, so wäre unsere „reale" Welt in keiner „Größenordnung" existenzfähig.

105

Welt und Leben sind sonach absolut streng begrenzt in ihrem „Sosein".

Aber wir wissen nicht, welche realisierte Möglichkeit unsere Welt und unser Leben darstellen, welches „Meter" ihr zugrundeliegt. Es gibt nur e in Sosein, aber keinen primären absoluten Maßstab für das absolute Maß von Welt und Leben, denn ändern sich absolutes Maß und Abgestimmtsein im gleichen Sinn, dann bleibt alles beim alten: Jener letzte Maßstab ist eine psychische Größe, Vorstellung, Idee.

Druck von R Oldenbourg, München